Preface

006

Made in Digital

016

Round-Table

362

Preface | Made in Digital | Round-Table

| 전유창
아주대학교 건축학과 교수,
aDlab+ 공동대표

| You-Chang Jeon
Professor at Ajou University,
aDlab+ co-representative

1995년에 매사추세츠 공과 대학(MIT)의 미디어 랩(Media Lab) 교수이자 와이드(Wired) 잡지의 칼럼니스트인 니콜라스 네그로폰테(Nicholas Negroponte)는 진화하는 새로운 세계에 대한 매력적인 가이드인 'Being Digital'을 출판하였다.

"세상의 최소 단위는 원자(Atom)가 아니라 비트(Bit)로 '비트는 0과 1일 뿐 색깔도 없고 크기도 없다. 형태도 없고 질량도 없다. 빛의 속도로 이동한다'고 하며 비트로 만들어진 세상이 도래하였다고 선언하였다. 20여 년이 지난 지금, 보이지 않는 가상의 존재가 세상을 바꿀 것이라는 예측은 이미 우리 앞의 현실이 되었다. 건축 역시 마찬가지다. 1980년대부터 단순한 시각화의 도구로 사용되었던 디지털 기술은 21세기인 지금, 건축가의 생각과 현실이 일치할 수 있는 환경을 창조할 수 있는 능력을 부여했다.

근대 이전 건축의 장인들은 '만든다'는 행위를 중심으로 관념적 사유를 넘어 건축이라는 본질에 다가섰다. 현재 디지털 기술은 표현, 생산, 구축 방식의 통합을 통해 상상과 실제의 간극을 좁히며 다시 '만든다'는 의미의 중요성을 건축에 부여한다. 디지털 제작은 컴퓨터 프로그래밍부터 실제 건축물을 3D로 인쇄하는 것까지 다양한 활동 범위를 포함한다. 디지털 도구가 발전함에 따라 기본 기술에 대한 지식이 없더라도 더 다양한 작업이 가능해지고 최소한의 지식으로 최대한의 창의적 생산이 이루어진다. 무엇보다 건축가의 상상은 디지털 기술에 의해 재현의 과정을 거치지 않고 거의 즉각적으로 구현될 수 있다. 디지털 제작 과정은 비트로 만들어진 정보를 체계적으로 조절하며 그 안에서 건축가의 감성은 즉각적으로 표현된다. 초기 디지털의 존재론에 기반을 둔 가상의 세계에 대한 희망은 디지털 제작 과정을 통해 비트로 '만들어진' 건축을 우리 앞에 선보인다.

Made In Digital의 기획은 현재, 그리고 이 시대를 관통하는 디지털 기술이 우리의 상상을 실현하는 도구로서 건축 작품의 구현에 어떠한 영향을 미치는가에 대한 질문에서 출발했다. 건축가는 디지털에 기반한 기술을 통해 '만든다'라는 다양하고 복잡한 건축 행위를 어떠한 방식으로 이해하고, 또 현실에서 어떻게 개입하고 있는지 그 과정을 담으려 했다. 그 과정 안에 오롯이 보이는 건축가의 상상과 감성, 그리고 실현을 위한 집요함의 과정을 디지털이라는 세계 안에서 엿져 보이려 하였다.

MIT professor Nicholas Negroponte, who is a founder of MIT Media Lab and columnist for Wired Magazine, published Being Digital (1995), an engaging guide to an evolving new world. He declared the advent of a world made of bits saying, "Bits, not atoms, are the smallest elements in the world. A bit is considered to be a 1 or a 0; it has no color, size, or weight, and it can travel at the speed of light." Fast-forward 20 years and the prediction that an invisible virtual entity will change the world is already a reality we face. It is the same with architecture. Now in the 21st century, digital technology, which since the '80s has been used as a simple visualization tool, has empowered the architect with the ability to create an environment where reality matches idea.

Master architects of pre-modern times went beyond the conceptual grounds and approached the essence that is architecture, centered on the act of 'creating'. Digital technology today narrows the gap between imagination and reality through the integration of expression, production and construction methods, and brings back to architecture the significance of the meaning of "making". From computer programming to 3D printing an actual building, digital production includes a wide range of activities. With the evolution of digital tools, we are able to do more kinds of work even without the knowledge of basic skills, and maximum creative production is done with minimal knowledge. The process of digital production systematically regulates the information created by bits, and in it the architect's sensibility is expressed in an instant. Hope for a virtual world based on the ontology of early digital presents in front of us architecture 'made' with bits through the digital production process.

The development for Made in Digital began from the question of how digital technology, as a means of realizing our imagination, which penetrates the present and the current age, affects the materialization of architectural works. Through digital-based technology, the architect tried to illustrate the process of how he understands the many different complex acts of architecture, namely 'making' and how it intervenes in reality. He aimed to reveal through the digital system, his imagination, sensibility, and the process of persistence to have something realized. The works included in Made in Digital use methods different from the architecture completed through typical ideas and processes. Each of the five architectural of-

Made In Digital에 포함된 작품은 우리가 일반적인 아이디어와 과정을 통해 완성된 건축을 다루는 방식과는 다르다. 5개의 건축 사무소는 유사한 디지털 프로그램을 사용하면서도 각자만의 고유한 방식으로 건축을 구현한다. 디지털을 이해하는 방식의 차이는 미분화 된 개체(Parameter)의 이해, 모듈의 확장, 변형을 통한 차별화 등 디자인 프로세스를 통해 드러나게 된다. 단순한 비트의 조합으로 시작된 디지털이라는 개념은 건축가의 상상과 감성이 더해진 '만든다' 라는 복합적인 층위를 통해 건축을 새롭게 정의하는 건축가의 프로세스를 비교해 볼 수 있다.

좀 더 구체적으로 언급하면 디지털 기술은 단지 표현의 문제를 넘어 만든다는 과정에 대한 디자인 프로세스의 변화를 가져왔다. 설계 과정에서는 단일한 원리로 수많은 버전(Version)을 자동으로 만들어내는 알고리즘을 설계한다. 또, 수많은 대안에서 찾아내는 최적화된 기하학적 결과물일 수도 있고, 필요한 알고리즘에 의해 컴퓨터가 만드는 임의의 결과물일 수도 있다. 알고리즘에 기반한 파라메트릭 디자인 방법은 대안에 대한 협업과 효율뿐만 아니라 디지털 기술은 만드는 사람들 간의 최적화된 협업이자 소통도구(Communication Tool)로 작동하고 있다. (Cooperative Process) 창조적 도구는 의해 플라토닉 솔리드(Platonic solid)의 견고하고 단순한 형태를 변형한다. 모폴로지(Morphology)기술은 관능적이고 폭빌적 힘을 가진 조형 언어를 창조하기도 한다. 스프라인(Spline)에 기반한 프로그램의 기능은 자유로운 곡면 형태를 생성하고 조정하고 생산한다. (Formative Process) 과거 물리적 공간, 시각적 조형성으로 사회와 소통하던 방식에서 벗어나. 컴퓨터 기술은 인간의 모든 감각적 반응을 활용하여 공간을 사회와 소통하는 창구로 만든다. 사회의 다양한 현상에 능동적으로 반응하며 새로운 관계를 이끌기도 한다. (Interactive Process) 재료에 대한 생각은 파라메트릭(Parametric) 기술에 의해 차례로 변형되어 새로운 물성의 효과를 창발(Emergence)하기도 한다. 기존 재료가 갖는 단순한 표현 효과를 넘어 새로운 조합은 표면의 효과라는 측면에서의 새로운 물성의 지각적 체험을 가능케 한다. (Material Process) 디지털 기술에 의해 구현된 아이디어는 현장에서 아날로그 방식과 충돌하며, 조정되고, 완성된다. 여기에는 디지털 기술이 갖는 양면성, 즉 현실의 고단함과 구축에 대한 집요한 욕망도 내재되이 있다. (Constructive Process) 디지털 기술이 적용되는 구현과정은 시각적 강조나 복잡한 형태를 풀어내는 수준에서 벗어나 건축에 새로운 패러다임을 제공한다.

fices use similar digital programs and yet implements architecture in its own unique way. The difference in the understanding of digital is revealed through design processes such as the understanding of undifferentiated parameters, extension of modules, and differentiation through transformation. The concept of digital, which began with a combination of simple bits, newly defines architecture through a complex process of 'making', to which the imagination and sensibility of the architect is added.

More specifically, digital technology has gone beyond a matter of expression and brought a change in the design process, namely the process of creating. In the design process, the architect designs algorithms that automatically generate numerous versions on a single principle. Furthermore, it could be an optimized geometric result found in numerous alternatives, or it could be an arbitrary result produced by a computer based on the required algorithm. Algorithm-based parametric design methods work not only as collaborations and efficiencies for alternatives, but also as an optimized collaborative and communication tool among people creating digital technologies. (Cooperative process) Transforms the robust and simple form of a platonic solid using creative instruments. Morphology techniques at times create formative language that has sensual and explosive power. Program functions based on splines create, adjust and produce free-form surfaces. (Formative Process) In the past, architects communicated with society through physical space and visual formability. Computer technology frees us from this and utilizes all of man's sensual responses to turn space into a window for communicating with society. It actively responds to various phenomena of society and draws new relationships. (Interactive Process). Ideas on materials are transformed sequentially by parametric techniques, bringing the emergence of the effect of new properties. New combinations go beyond the simple effects expressed by existing materials and enable a perceptive experience of new properties in terms of surficial effects. (Material Process) Ideas realized by digital technology collide with analog methods and are adjusted and completed on-site. There is also the duality of digital technology, that is, the rigidness in reality and the persistent desires for construction. (Constructive Process)

Made in Digital은 디자인 과정에서의 단순한 기술적인 성취만을 보여주지 않는다. 이 과정에서 우리가 생각하는 건축의 상상력과 가능성의 방식이 현실화되는 과정의 집요함도 같이한다. 이 책은 현재 디지털이라는 기술이 만들어 낼 수 있는 한계와 가능성 그리고 아날로그 제작 현실과의 충돌을 담고 있다. 디지털 디자인의 세계는 아날로그의 구축 영역과 대조하는 지점으로 물리적 세상을 부정하고, 보이지 않는 것들을 현실로 끌어들이며, 가능성을 확장하고, 상상력을 역동적으로 만드는 과감함으로 인해 가능하다. 그러나 최근에 이슈가 되고 있는 디지털 제작과 관련된 우리의 현실은 극히 제한적이다. 미래지향적이고 세련된 작업 결과의 이면에는 극히 아날로그적이고, 때론 수공예적 기술의 도움이 필요하기도 하다. 디지털이 숙달되지 않은 현장 인력과의 치열한 협업의 결과이기도 하다. 상상을 구현하고자 하는 건축가의 집요한 욕망의 산물이기도 하다. 제한된 기술의 범위에서 적용된 건축에 상상력과 감성을 부여하는 방식은 현장에서 이루어지기 때문에 보다 촉각적이고 감각적으로 다가온다. '만든다'는 행위가 일어나는 현장의 기록은 건축을 구현하는 기술에 내재되어 있는 건축가의 다양한 감성의 조각을 읽을 수 있다. 이러한 특이성과 충돌의 펼침은 기술이 우리에 부여한 다양한 한계와 가능성을 통해 근대의 기술적 사고가 다루지 못한 시대에 대한 사고, 즉 정체성에 대한 물음에 디지털이라는 새로운 기술의 한계와 활용을 통해 보여주고 있다. 따라서 이 시대에만 가능한 건축의 정체성(Identity)을 넘어 디지털이라는 브랜드로서 유효한 가치를 얻게 되는 것이다.

디지털 기술로 무언가를 만드는 활동은 더 많은 개발과 응용된 결과물로 이어질 잠재력을 가지고 있다. 이 책에 묶인 5개의 건축 그룹과 15개의 프로젝트 그리고 337개의 이미지는 다음 세대에 도래하는 기술과 연결되는 고리가 된다. 따라서 이 책은 21세기 초반 한국에서 이루어진 디지털 기술에 대한 아카이브이자 미래의 기술을 연결하는 디지털적 예언서이기도 하다.

이 책 안에는 촉각적인 드로잉과 사진, 추상적인 다이어그램과 관능적인 형태의 이미지들이 뒤섞인다. 각 페이지는 인스타그램과 같이 간결한 메시지와 이미지들의 연속으로 구성된다. 페이지 속 이미지는 프로젝트로 묶여 있지만, 해시태그(#)로 명명된 분류체계를 가진다. 독자들은 프로젝트의 속성을 해체하고 또 다른 그룹핑의 방법으로 재정리

Made in Digital shows not only the simple technical achievements in the design process, but it also embodies the persistent process of realizing the imagination of architecture and ways of possibility in our head. This book discusses the limitations and possibilities that digital technology can create at present as well as the conflict with the reality of analog production. The world of digital design is possible because of the boldness that denies the physical world against the area established by analogue, draws invisible things into reality, expands possibilities and makes the imagination dynamic. However, our reality in relation to the recent hot topic of digital production is extremely limited. Behind the results of future-oriented and sophisticated work, is intense collaboration with analogue-based field workers, inept in digital, sometimes requiring the help of handcrafted techniques. So the results that overcome this process are the product of the architect's persistent desire to epitomize imagination. The on-site record where the act of 'making' takes place is read as pieces of various sensibility of the architect embedded in the technology that implements architecture. This unfolding of uniqueness and collision answers the question of identity, which is the spirit of the times not covered by modern technological thinking through the various limitations and possibilities that technology has given us. Architecture realized by digital acquires its identity at critical points that are converted into other states, with the limitations of technology available only in this period as collateral. The identity of contemporary architecture gains its effective value as brand of a unique product created by digital.

The activity of creating something with digital technology has the potential to lead to more development and applied results. The five architectural groups, XX projects, and XXX images mentioned in this book are links to technologies that will be available in the next generation. Therefore, this book is also an archive of digital technology in early 21st century Korea and a digital prophecy that connects future technologies.

Inside this book is an assortment of tactile drawings and photographs, abstract diagrams and sensual images. Each page consists of a series of concise messages and images, such as in Instagram. The images on each page are grouped by project, but have a classification scheme using hash tags (#). Readers can disassemble the projects' properties, rearrange them us-

하며 머릿속에 본인만의 디지털 지도를 만들어 낼 수 있다. 개개의 이미지는 마치 비트와 같은 개별의 속성을 가지지만 그것들이 배열하는 방식에 의해 전혀 다른 스토리를 만들어 낼 수도 있다.

디지털로 이루어진 기술의 영역은 신선하고 광범위하다. 또한, 복잡하고 미묘한 깊이를 가지고 있다. 우리가 이야기하는 방식은 여전히 발전 중이며, 이 기술은 종종 다른 사람들에 의해 상상의 가능성을 열어주며 또 다른 방식으로 사용될 수 있기를 기대한다. Made in Digital은 비트라 불리는 0과 1의 단순함이 확장된 새로운 영토에서 만들어진 건축을 주제로, 지금 우리에게 가능한 현실적인 디지털 기술의 산물이 무엇이 되어야 하는지에 대한 물음을 공유하고자 한다.

새로운 기술에 관심이 있는 모든 사람이 동의하지 않을 수도 있지만, 디지털에 의해 구현된 건축은 때론 믿을 수 없을 정도의 오만함이 배어 나오지만 결국 이 '단순한' 기술은 무엇이든 열어 두면 흥분하는 모든 것을 혁신적으로 만들어준다.

ing a different grouping method, and in their head create their own digital maps. Each image has individual properties like that of a bit, but the ways they are arranged generate a completely different story.

The realm of digital technology is fresh and extensive. It also has a complex and subtle depth to it. The way we talk is still evolving. I anticipate for this technology to open up the possibility for others to imagine from time to time and be used by another person in a different way. Made in Digital aims to share the question of what the product of realistic digital technology that is available to us now should be, with the theme of architecture built with the simple bits of 0s and 1s on a new, enlarged territory.

Though not everyone with an interest in new technology may agree, architecture made by digital sometimes boasts incredible arrogance. But in the end, this 'simple' technology will make innovative anything that is exciting, as long as we are open to it.

Preface | Made in Digital | Round-Table

 삶것/Lifethings
_양수인

 aDlab+
_전유창 & 김성욱

 HG-Architecture
_국형걸

 조호건축
_이정훈

 에이엔디
_정의엽

삶것/Lifethings
Gyroid Sculpture

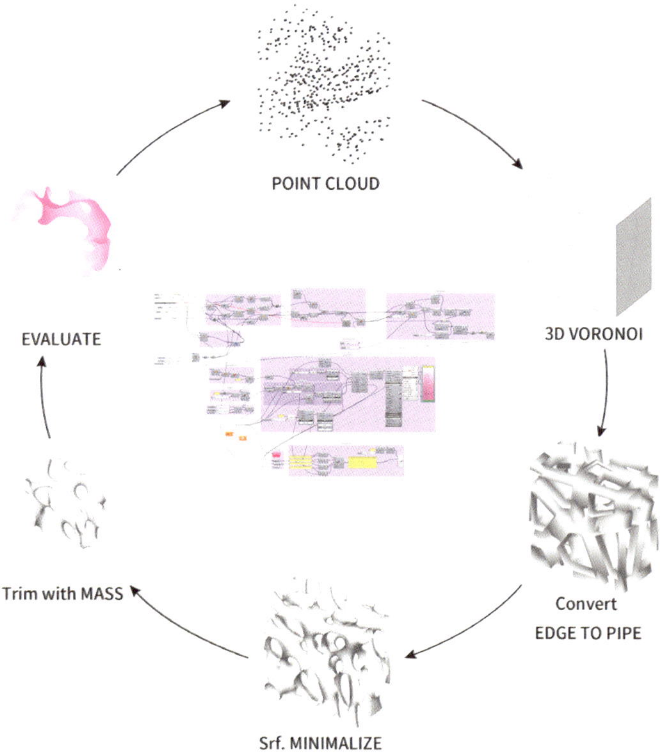

그래스호퍼, 옥토퍼스, 카람바를 사용한 다목적 최적설계. Multi-objective Optimization with Grasshopper, Octopus and Karamba.

#multiobjective #optimization #grasshopper #octopus #karamba #evolution #structuraloptimization

삶것/Lifethings
Gyroid Sculpture

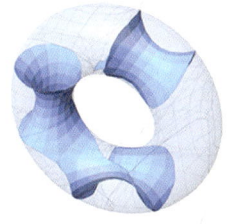
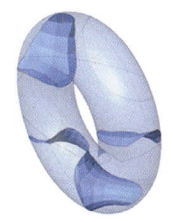

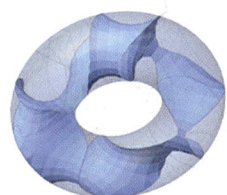

(단순 + 복잡)은 주로 흥미롭지 못한 결과물을 만들어 낸다. (Simplicity + complexity) often ends up just not interesting enough.

#complexity #simplicity #manageable #computable #simplistic #boring

삶것/Lifethings
Gyroid Sculpture

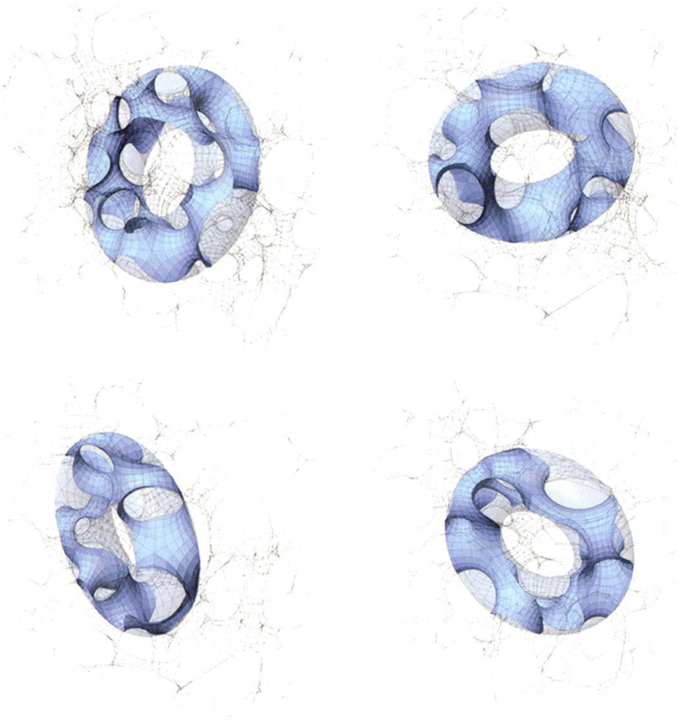

(복잡 * 복잡)은 제어와 연산이 불가능한 혼란을 초래하고는 한다. (Complexity * complexity) often results in unmanageable, uncomputable chaos.

#complexity #simplicity #manageable #computable #chaos #complication

삶것/Lifethings
Gyroid Sculpture

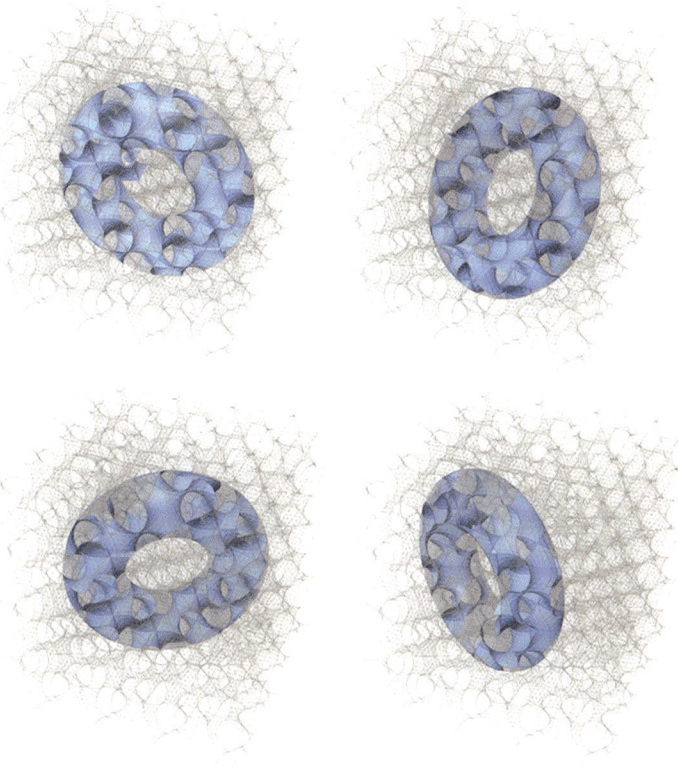

(복잡 * 단순)의 균형이 딱 맞을 때, 흥미롭고 연산가능한 결과를 기대할 수 있다.
Right balance of (complexity * simplicity) can create challenging, yet manageable and computable outcomes.

#complexity #simplicity #manageable #computable #interesting #challenging

삶것/Lifethings
Gyroid Sculpture

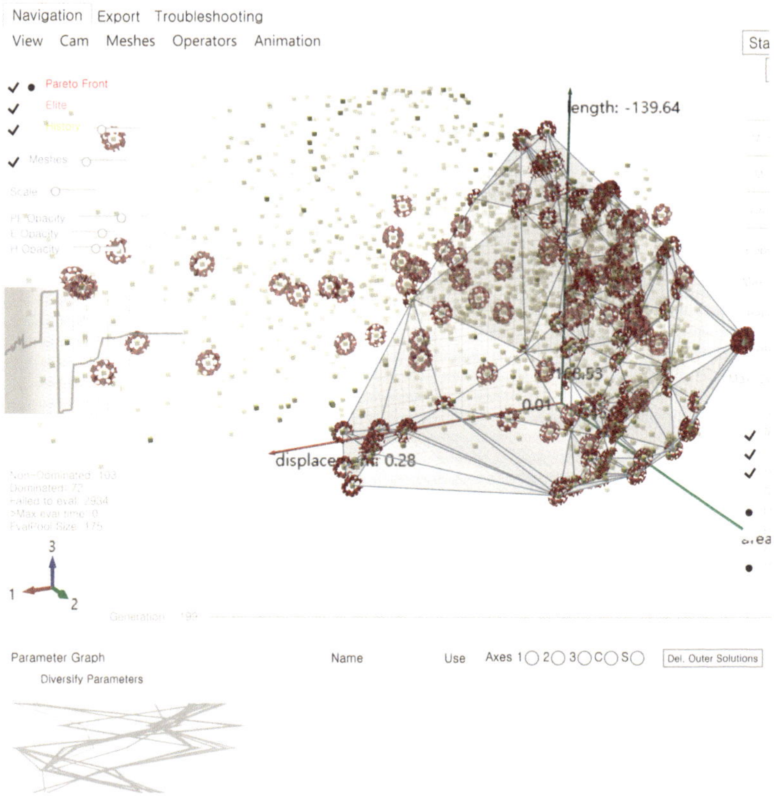

1) 에지길이 최대화, 2)표면적 최소화, 3)변형 최소화 1) Maximize edgelength;
2) minimize surface area; 3) minimize displacement

#multiobjective #optimization #grasshopper #octopus #pareto #field #frontier #front #geneticalgorithm

삶것/Lifethings
Gyroid Sculpture

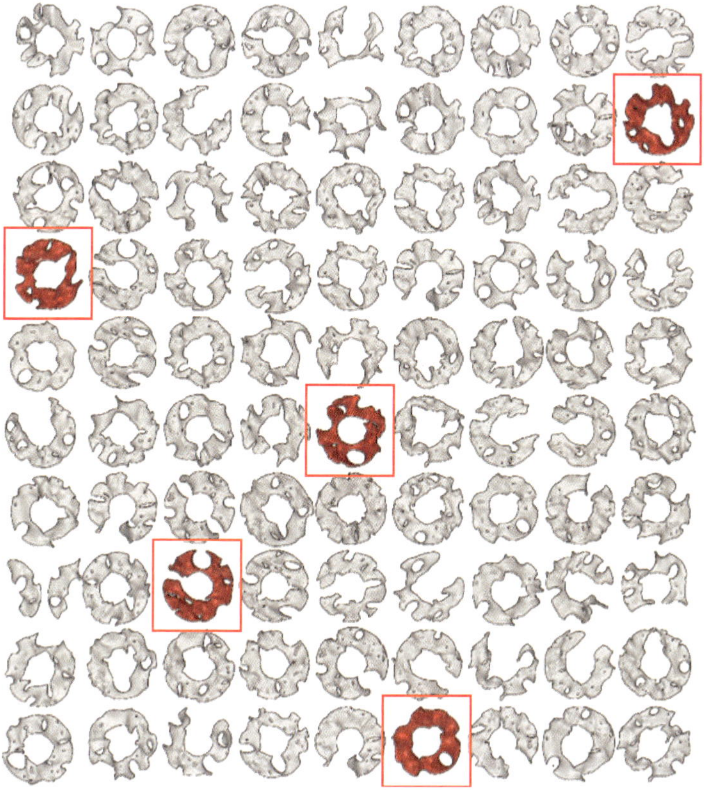

다목적 최적화는 하나의 최적해가 아닌 적합한 해법군을 제안한다. Multi-objective optimization identifies not a single most optimized solution but a field of optimal solutions.

#multiobjective #optimization #grasshopper #octopus #pareto #field #frontier #front #geneticalgorithm

삶것/Lifethings
Gyroid Sculpture

자이로이드에서 도넛 모양을 불리언한다 → 카람바에서 구조해석을 한다 → 옥터퍼스를 통해 진화시킨다. Boolean torus from within a defined gyroid field → Structural evaluation for displacement in Karamba → Change boolean angle and evolve using Octopus

#multiobjective #optimization #grasshopper #octopus #geneticalgorithm #evolution #karamba

삶것/Lifethings
Gyroid Sculpture

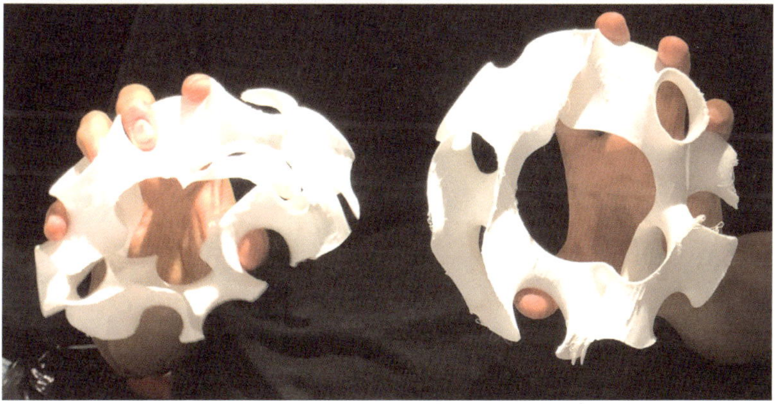

10세대의 진화 이후, 표면적이 더 적은 모델이 더 큰 강도를 보인다는 것을 알 수 있다. After ten generations of evolution, a physical model with less surface area shows greater strength.

#multiobjective #optimization #grasshopper #octopus #3dprinting #physicalmodel #test #geneticalgorithm

삶것/Lifethings
Gyroid Sculpture

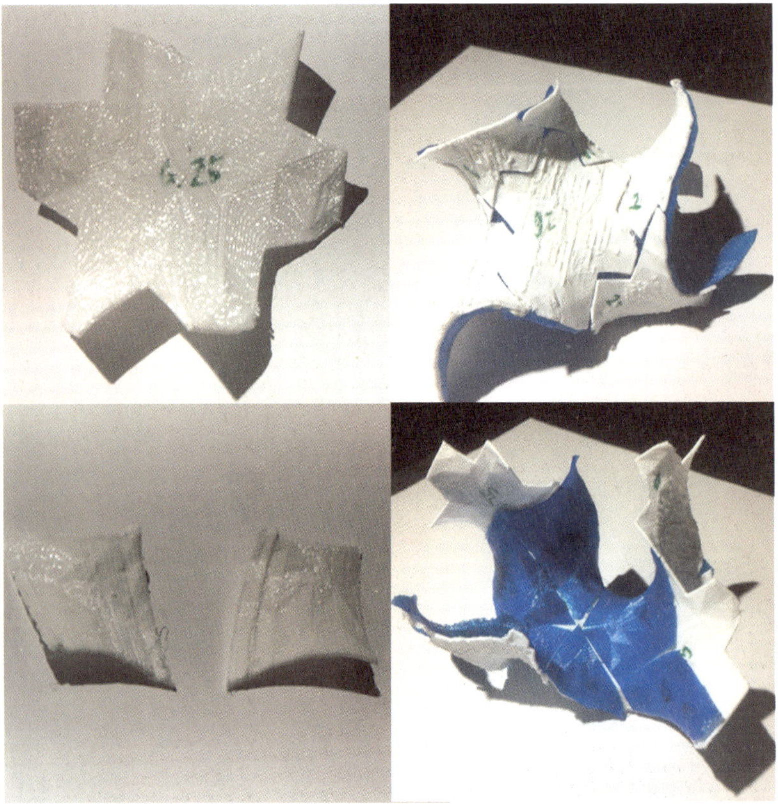

양면의 패널 분할선이 서로 겹치지 않는다. Division lines of the panels on both sides do not overlap.

#doublecurve #saddleshape #panel #panelization

삶것/Lifethings
Gyroid Sculpture

3d printed model.

#doublecurve #saddleshape #panel #panelization #3dprint

삶것/Lifethings
Gyroid Sculpture

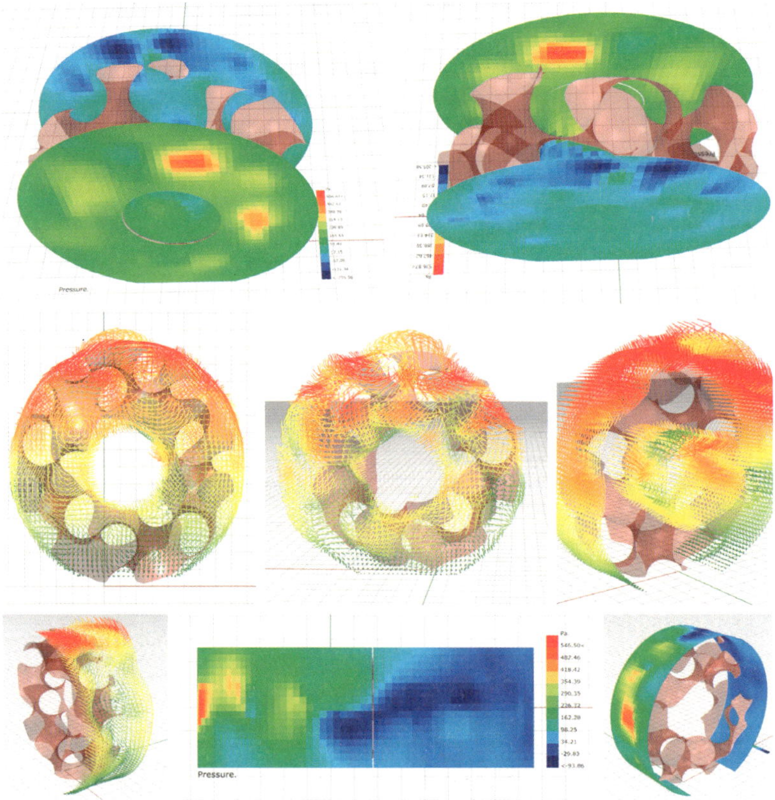

풍하중 시뮬레이션은 구조물에 곡면이 더 필요함을 보여준다. Windload simulation points out that the section of the sculpture needs to be more curved.

#CFD #windload #simulation #VS-A

삶것/Lifethings
Gyroid Sculpture

단면 분석 및 평가를 통해 표면은 더욱 곡면이 되어, 풍하중에 대한 저항력이 증가한다. Through sectional analyses and evaluation, the surface becomes embedded with more curves, hence increasing resistance to windload.

#section #analysis #optimization #evaluation

삶것/Lifethings
Gyroid Sculpture

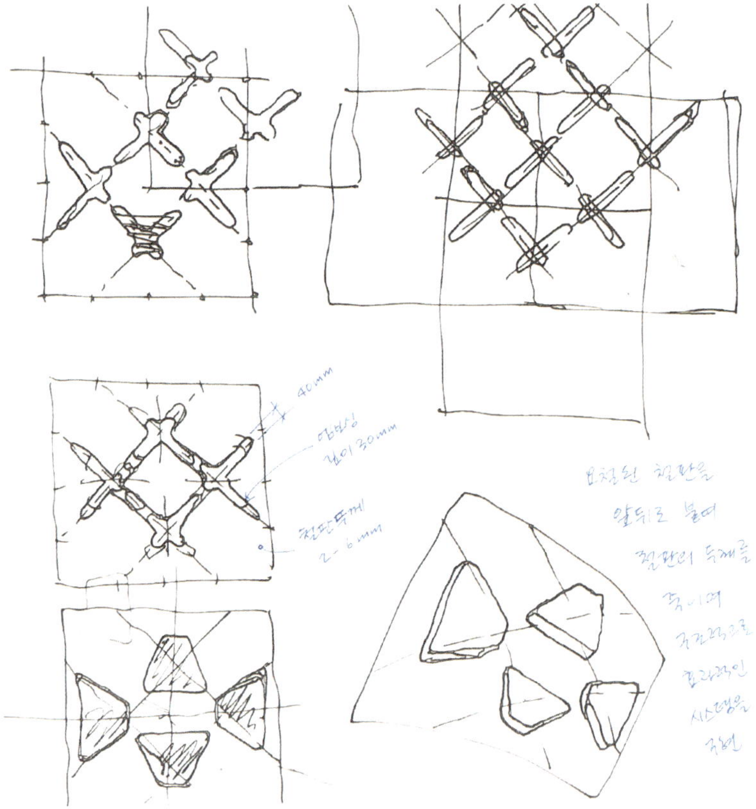

구조엔지니어의 아이디어는 중량 대비 강도를 극대화시킬 수 있도록, 골판지와 비슷한, 중간에 공간이 있는 이중 표면 구조를 제시한다. Structural engineer's brainstorm suggests a double surface structure with space in the middle, similar to cardboard, to maximize the weight-to-strength ratio.

#cardboardstructure #wafflestructure #structural #ideasketch #VS-A

삶것/Lifethings
Gyroid Sculpture

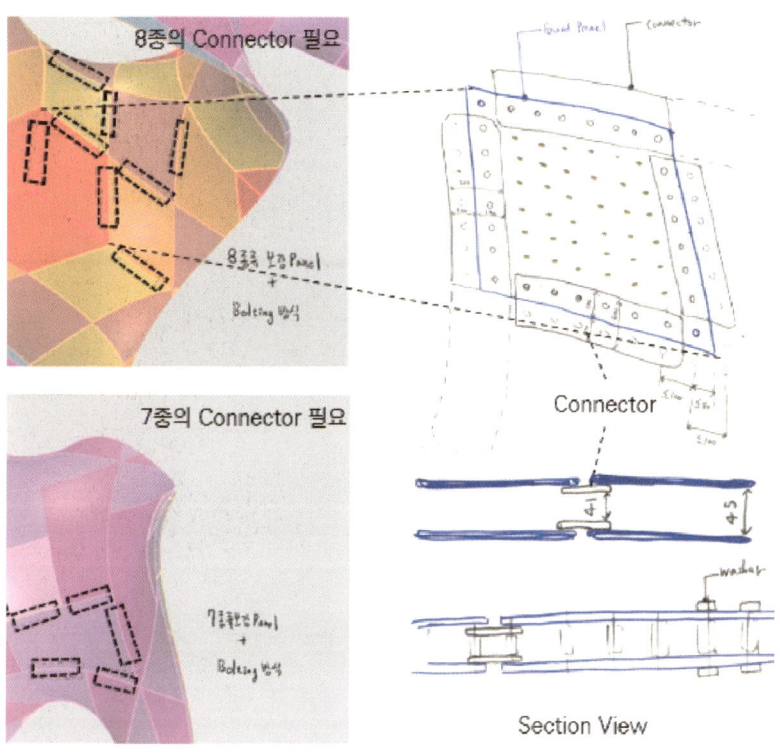

스페이서가 격자로 배치되어 있는 이중 표면 구조 스케치. Idea sketch for a double-layered structure with a grid of spacers.

#cardboardstructure #wafflestructure #structural #ideasketch #spacer #VS-A

삶것/Lifethings
Gyroid Sculpture

40mm 길이의 스페이서는 두 겹의 3mm 강철판이 46mm 두께 철판의 힘을 발휘케 한다. 40m-long spacers turn two layers of 3mm steel sheets into a panel with the strength of a 46mm thick steel sheet.

#steelpanel #spacers #cardboard #structure #mockup #Steellife #Syntegrate #VS-A

삶것/Lifethings
Gyroid Sculpture

한양 대학교 에리카 캠퍼스에서 한 압축력시험. Compression test at Hanyang Univ. Erica campus.

#mock-up #structuraltest #steelpanel #spacers #cardboard #structure #mockup #Steel-life #Syntegrate #VS-A

삶것/Lifethings
Gyroid Sculpture

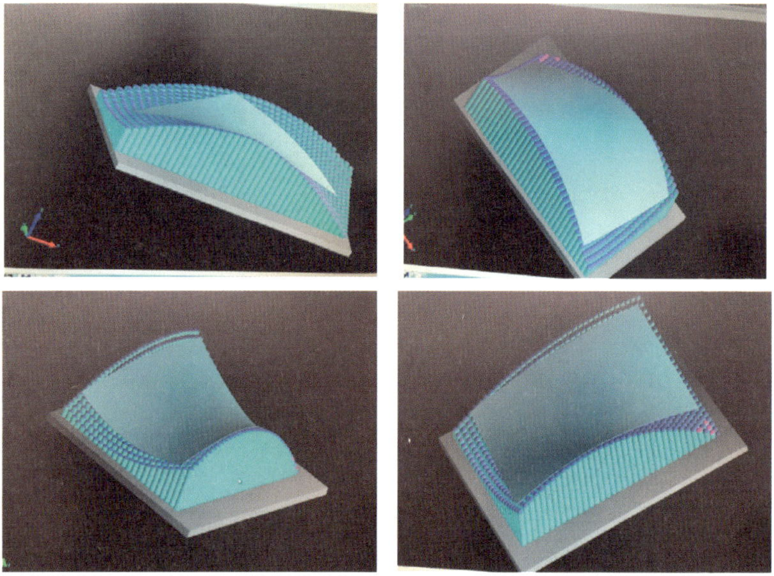

	Area per panel(m2)	Full panel no.	Full panel area sum	Trimmed panel no.	Trimmed panel area sum	Total panel no.	Total panel area
A_1	0.4902035	71	34.80444849	81	25.408122	152	60.21257
A_2	0.56306704	72	40.54082687	85	13.335123	157	53.87599
A_3	0.48971393	67	32.81083338	91	29.57317345	158	62.308152
A_4	0.520813848	72	37.49859709	89	16.003669	161	53.502266
TOT		282	145.6547058	346	84.32008745	628	229.890938

스테인레스 스틸판의 다점스트레칭 시뮬레이션. Software simulation of multi-point stretching of double curved stainless steel panels.

#multipointstretching #optimization #saddleshape #doublecurvature #다중점증축 #최적화 #안장모양 #이중곡률 #공장방문먼저 #knowyourmachine #Steellife #박광춘사장님

삶것/Lifethings
Gyroid Sculpture

다점스트레칭 성형을 통한 말안장 형상의 패널 가공. Multipoint stretching of 3mm stainless steel sheet into saddle-shaped panels.

#multipointstretching #optimization #saddleshape #doublecurvature #공장방문먼저
#knowyourmachine #Steellife #박광춘사장님

삶것/Lifethings
Gyroid Sculpture

3mm 스테인리스강판을 말안장모양 패널로 가공하는 실험. Test fabrication of 3mm stainless steel sheets into saddle-shaped panels.

#multipointstretching #fabrication #saddleshape #doublecurvature #공장방문먼저
#knowyourmachine #Steellife #박광춘사장님

삶것/Lifethings
Gyroid Sculpture

때때로, 최고의 구조실험은 그냥 올라가 뛰어보는 것이다. (예산상 가능한 유일한 옵션일때는 더욱 그러하다...) Sometimes the best structural engineering is for you to jump on it. (Especially when jumping is the only afforbable method...)

#quickanddirty #mockup #jumping #structuraltest #100kg #doublelayer #spacer

삶것/Lifethings
Gyroid Sculpture

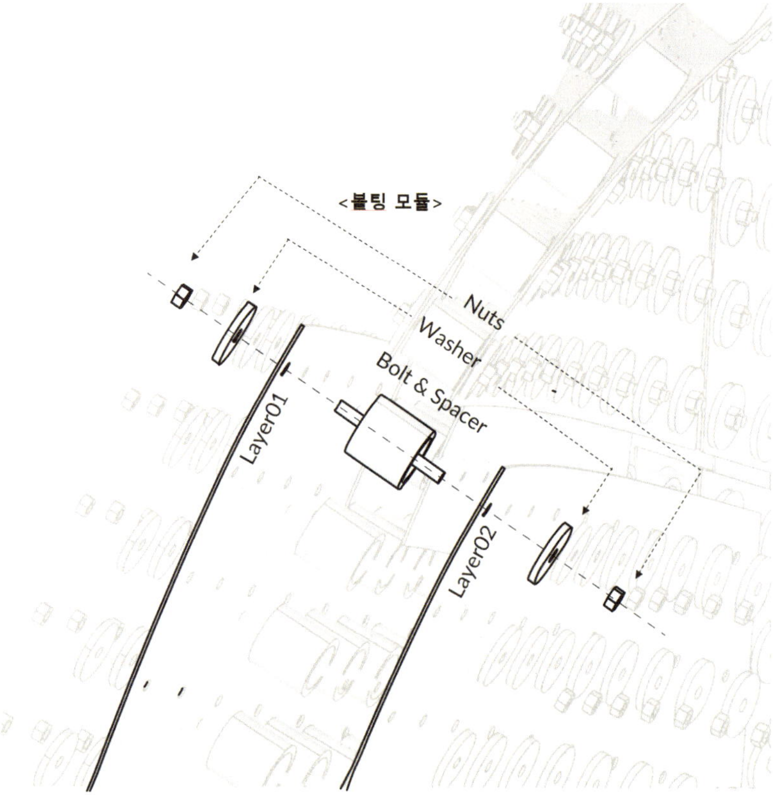

<볼팅 모듈>

Nuts
Washer
Bolt & Spacer
Layer01
Layer02

40mm 길이의 스페이서는 두 겹의 3mm 강철판이 46mm 두께 철판의 힘을 발휘케 한다. 40mm long spacers turn two layers of 3mm steel sheets into a panel with the strength of a 46mm thick steel sheet.

#steelpanel #spacers #cardboard #structure #mockup #VS-A

삶것/Lifethings
Gyroid Sculpture

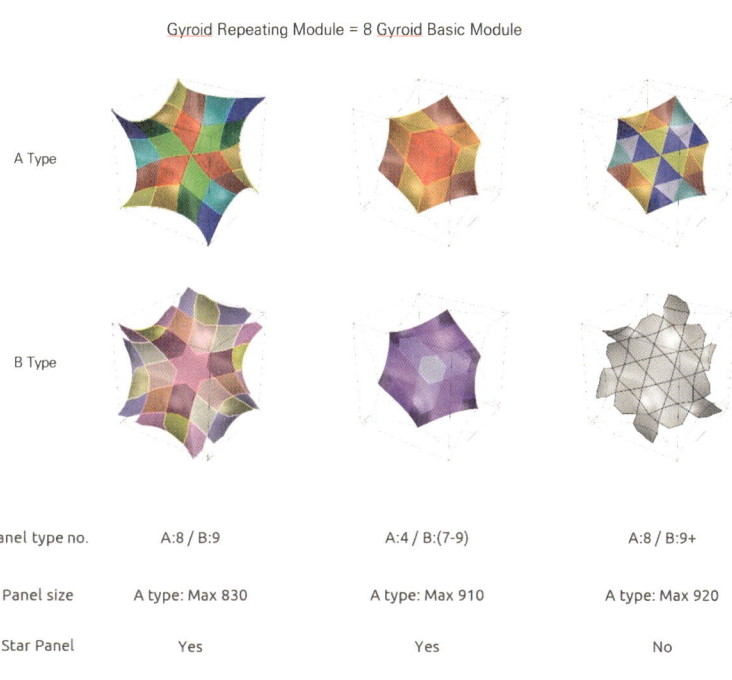

Gyroid Repeating Module = 8 Gyroid Basic Module

Panel type no.	A:8 / B:9	A:4 / B:(7-9)	A:8 / B:9+
Panel size	A type: Max 830	A type: Max 910	A type: Max 920
Star Panel	Yes	Yes	No

자이로이드 구조 패널. Panelization of the gyroid structure.

#panelization #gyroid #syntegrate.build

삶것/Lifethings
Gyroid Sculpture

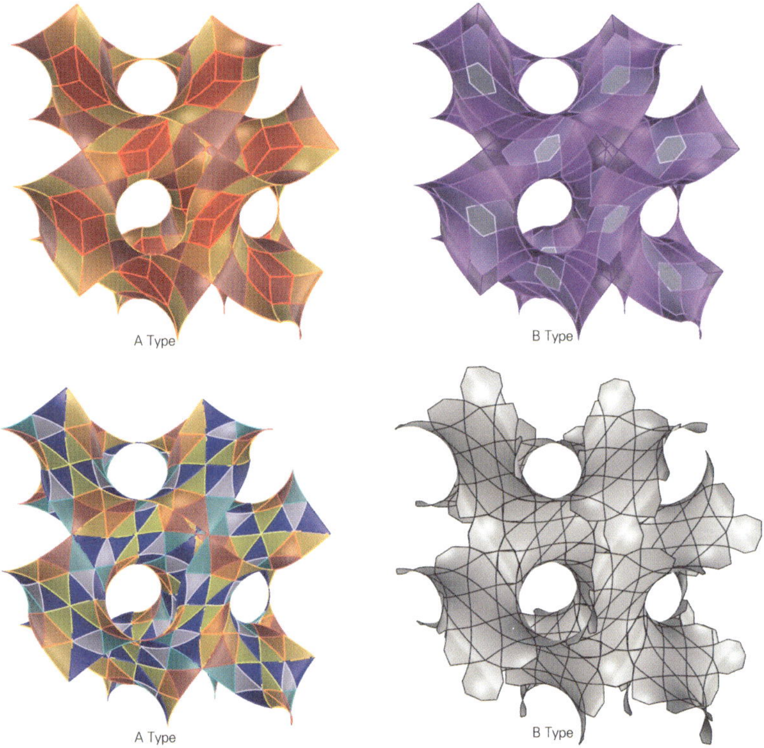

A Type

B Type

A Type

B Type

두 패널링 방식의 증식 실험. Growth test of the two panelization method.

#panelization #gyroid #syntegrate

삶것/Lifethings
Gyroid Sculpture

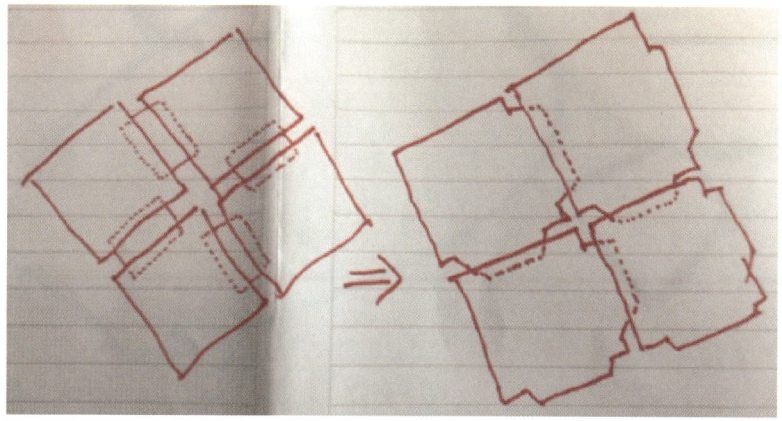

별도의 커넥터판을 없애고 패널에 날개를 달아 현장조립을 수월하게 한다. Moving away from the use of separate connector plates, the new panels have flaps on two sides for easier on-site as semply

#panelization #gyroid #flap #syntegrate

삶것/Lifethings
Gyroid Sculpture

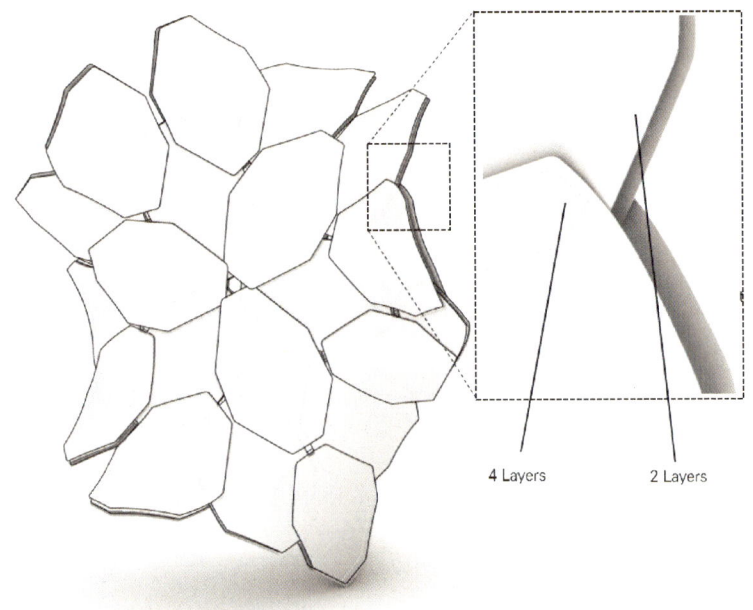

Final Overlapping BaseModule

4 Layers   2 Layers

최종패널은 앞뒤 각각 외측과 내측 패널로 이루어져 있다. Final panelization has outer panels, and inner panels, front and back.

#overlapping #basicModule #fabrication #gyroid #syntegrate #panelization

삶것/Lifethings
Gyroid Sculpture

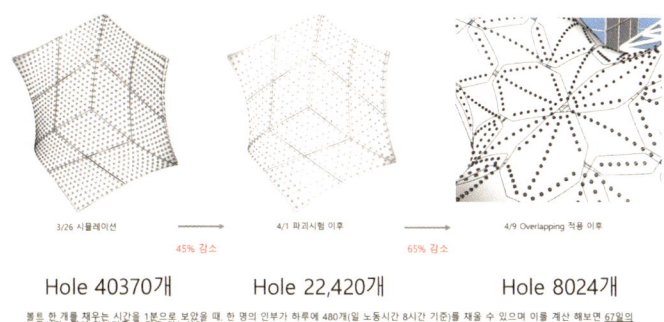

Hole 40370개 Hole 22,420개 Hole 8024개

볼트 한 개를 채우는 시간을 1분으로 보았을 때, 한 명의 인부가 하루에 480개(일 노동시간 8시간 기준)를 채울 수 있으며 이를 계산 해보면 67일의 노동시간(1명의 인부기준)을 단축 가능하다.

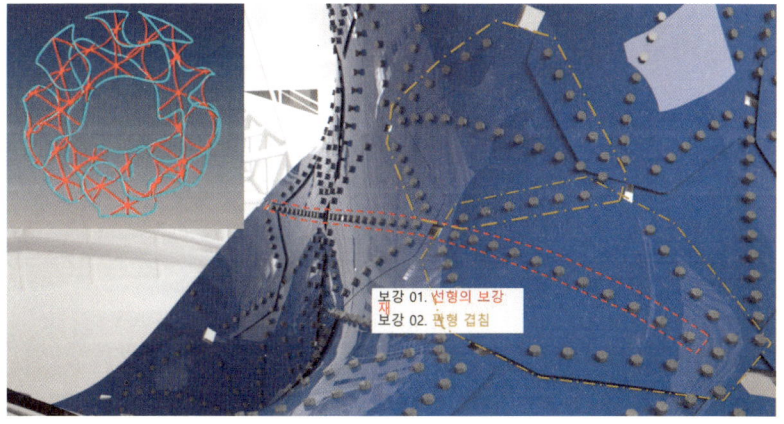

패널 간의 국부적인 체결은 연속적인 표면을 형성하고, 종합적인 보강재는 구조적인 강성을 부여한다. Local connection between panels create continuous surface, whereas global reinforcement stiffens the structure as a whole.

#Panelization #Fabrication #Engineering #Overlapping #RefiningStucture #SuperEfficiency #Timesaving

삶것/Lifethings
Gyroid Sculpture

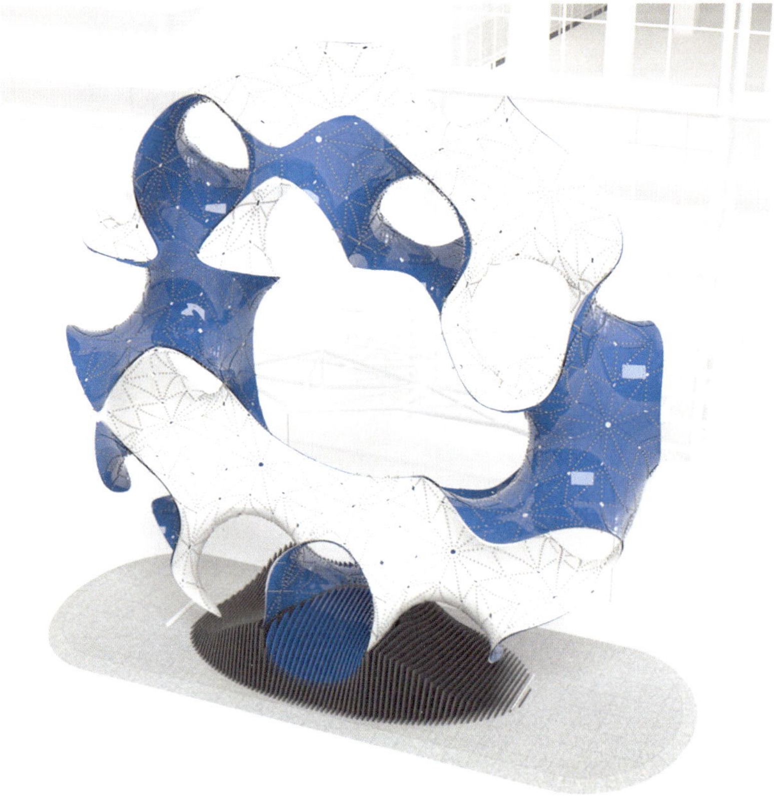

커밍쑨! To be completed soon!

#stainless #steel #sculpture #doublecurve #minimalsurface #Steellife #Syntegrate #VS-A

삶것/Lifethings
遠心林

심사위원의 첫 반응은 "여기 나무 하나 또 있네…"였으나, 나무가 돌기 시작하니 모두들 좋아하더라~ "Ah, great. Another tree scheme…" was the initial reaction of a juror. Once the "trees" started spinning, everybody fell in love with it!

#spinning #model #MMCA #centreefugalpark #원심림 #YAP #YAP2017 #박민석상병짝짝짝!

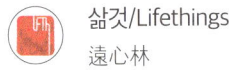
삶것/Lifethings
遠心林

최고의 프레젠테이션은 그냥 보여주는 것! 75% 크기, 75만 원. Best presentation is to just show the damn thing. 75% size prototype for $750.

#prototype #MMCA #centreefugalpark #원심림 #YAP #YAP2017 #fabbros

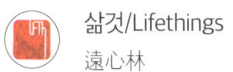
삶것/Lifethings
遠心林

렌더 노, 도면 노, 바로 만들면서, 손으로 디자인하라! No renderings, no drawings. Just make it, design with hand!

#designwithhand #justmakeit #MMCA #centreefugalpark #원심림 #YAP #YAP2017 #박민석 #신지원

삶것/Lifethings
遠心林

RPM이 올라가면 나무가 자란다. Higher RPM = larger canopy

#centreefuge #diagram #MMCA #centreefugalpark #원심림 #YAP #YAP2017 #fabbros #신지원

삶것/Lifethings
遠心林

1) Module Roof Conditions

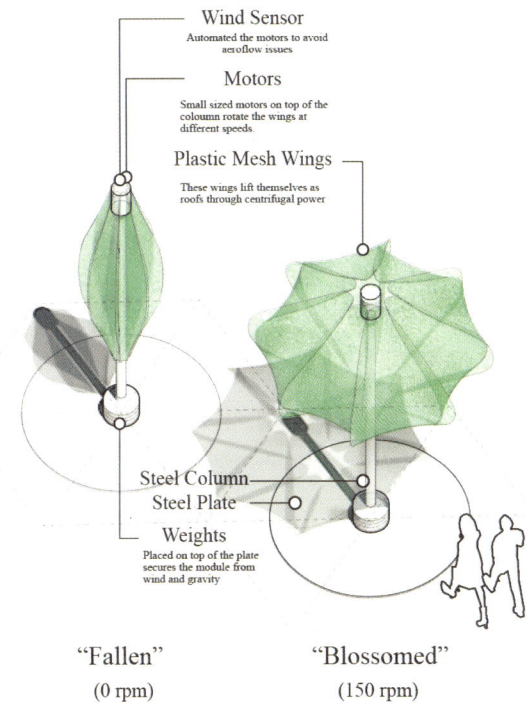

원심목 나무. Centreefuge – canopy .

#centreefuge #diagram #MMCA #centreefugalpark #원심림 #YAP #YAP2017 #신지원 #터구조 #박병순소장님

 삶것/Lifethings
遠心林

2) Module Base Types

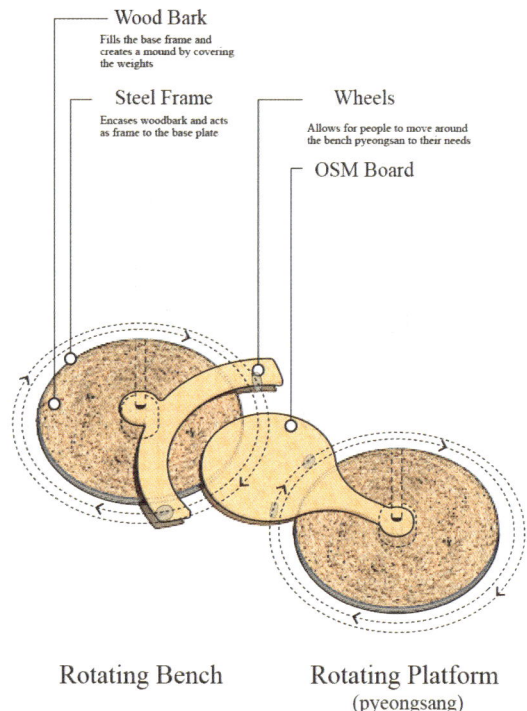

원심목 벤치. Centreefuge - bench.

#centreefuge #diagram #MMCA #centreefugalpark #원심림 #YAP #YAP2017 #신지원 #터구조 #박병순소장님

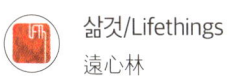

삶것/Lifethings

遠心林

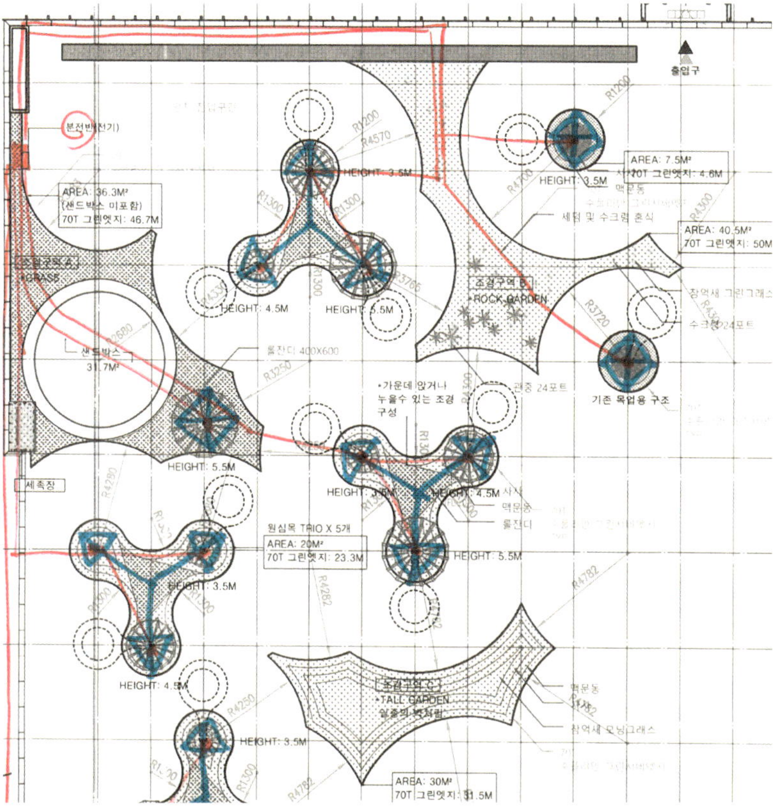

땅을 최소로 파기 위해 조경 아래로 배관을 하였다. Electrical conduits move under the landscape, minimizing digging of the existing ground.

#electricalplan #MMCA #centreefugalpark #원심림 #YAP #YAP2017 #팀동산바치 #LabD-+H #터구조 #박병순소장님

삶것/Lifethings
遠心林

단일 모듈의 현장 테스트를 하며 현장의 바람을 처음으로 맞이했다. 모터 하나가 타버렸다. (그 뒤 네 개의 모터가 더 탔다) Field testing of a single module made the motors to face the wind of the site for the first time. One motor fried! (four more fried motors to come...)

#Fieldtesting #friedmotor #wind #MMCA #centreefugalpark #원심림 #YAP #YAP2017

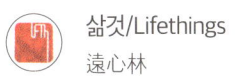 삶것/Lifethings
遠心林

자동차 정비공장에서 제작함. Fabrication and preassembly in a garage.

#garage #MMCA #함 #원심림 #YAP #YAP2017 #스튜디오일공일공

 삶것/Lifethings
遠心林

원심목은 서로 독립적이어서 하나가 고장나도 공원 전체에는 큰 문제가 되지 않는다.
Centreefuge modules are independent of one another. Breakdown of a single module does not affect the performance of the park as a whole.

#modular #independence #MMCA #centreefugalpark # 원심림 #YAP #YAP2017 #장규진 #신지원

삶것/Lifethings
遠心林

미장작업의 하지로 쓰이는 플라스틱메쉬로 원심목 '잎'을 만들었다. Leaves are made with plastic mesh used as reinforcement for cement plaster finish.

#greenmesh #leaf #MMCA #centreefugalpark #원심림 #YAP #YAP2017 #장규진 #신지원

삶것/Lifethings
遠心林

나는 내 프로젝트를 마치 우연히 발견한 생태계처럼 바라보곤 한다. 그러면, 이상한 점들을 인정하고 흥미로운 특징으로 바꿀 수 있다. At some point, I try to engage my project as a discovered ecosystem. Then, I can take advantage of all the oddities and make them into interesting features.

#artificial #ecosystem #MMCA #centreefugalpark #원심림 #YAP #YAP2017 #shinkyungsub #경섭신 #신경섭 #팀동산바치 #LabD+H #터구조

 삶것/Lifethings
遠心林

때로는 내 애기들을 위해 디자인한다. Sometimes I design for my kids.

#sandbox #kidsplaying #MMCA #centreefugalpark #원심 림 #YAP #YAP2017 #shinkyungsub #경섭신 #신경섭 #팀동산바치 #LabD+H #스튜디오일일공일공 #터구조

삶것/Lifethings
遠心林

원심림은 도심의 팝업 공원이다. 일주일만에 생기고, 하루만에 사라진다. Centreefugal Park is a pop-up park in the city. Built in a week, gone in a day!

#popuppark #wind #MMCA #centreefugalpark #원심림 #YAP #YAP2017 #shinkyungsub #경섭신 #신경섭 #팀동산바치 #LabD+H #스튜디오일공일공 #터구조

삶것/Lifethings
Wirye Residence

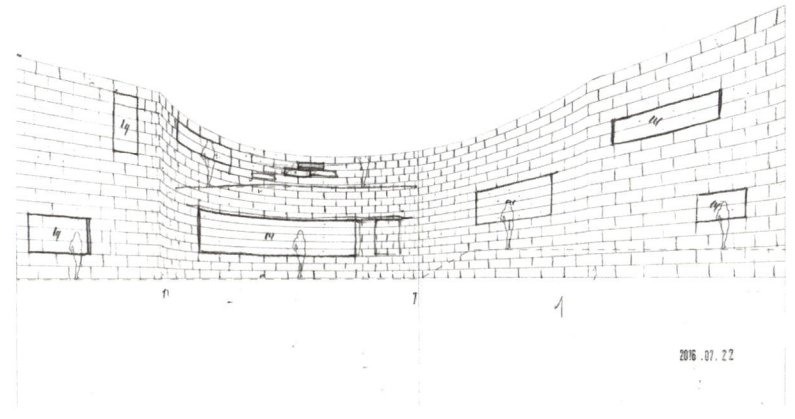

전형적인 조적조에 저항하라. 지면에 평행하게 쌓고 위를 대각선으로 칠게 아니라, 점점 더 비스듬해지도록 쌓자! Challenge the typical masonry system. Don't stack parallel to ground and cut diagonally on top, but stack progressively more diagonally!

#wiryeresidence#elevationstudy #differentmasonry #diagonalstack

삶것/Lifethings
Wirye Residence

벽돌 수는 같은데, 줄눈이 두꺼워진다. Same # of brick layers. Width of mortar gets wider.

#wiryeresidence#elevationstudy #differentmasonry #diagonalstack

삶것/Lifethings
Wirye Residence

로봇암이 전통적인 그라인더를 잡고 코너 벽돌의 모서리를 정확한 각도로 자른다. 하이테크와 로테크를 적절히 섞어야 한다! Robot arm holding a traditional grinder and cutting corner bricks in precise angles. The right balance of high and low tech gives character to a project.

#fabrication #robotarm #brickcutting #b-at @bat_komin @d8bro

삶것/Lifethings
Wirye Residence

제대로 자르려면 일단 제대로 잡아야 한다. 커스텀 제작한 작업틀은 절단과정에서 벽돌을 단단히 고정한다. To cut it right, you have to first hold it right! The custom jig holds the brick tight (no shaking!) during the cutting process.

#fabrication #jig #brickcutting #b-at @bat_komin @d8bro

삶것/Lifethings
Wirye Residence

퍼즐 테스트. Testing of the puzzle.

#fabrication #delivery #packaging #b-at @bat_komin @d8bro

삶것/Lifethings
Wirye Residence

코너 벽돌은 조적공이 실수하지 않도록 포장되어 배달되었다. 그저 순서대로 집어서 쌓기만 하면 됐다. The ability to turn the corner (with style!) is essential to expand into the three-dimentional realm. If a material can turn the corner, it can create the universe!

#turnthecorner #corner #cornerstone #fabrication #b-at @bat_komin @d8bro #shinkyungsub #경섭신 #신경섭 #정경진 #임한솔

삶것/Lifethings
Wirye Residence

조적작업의 시작은 항상 코너를 정확히 구축하는 것이다. The beginning of the Masonry is always to build a corner correctly.

#fabrication #delivery #packaging #b-at @bat_komin @d8bro

삶것/Lifethings
Wirye Residence

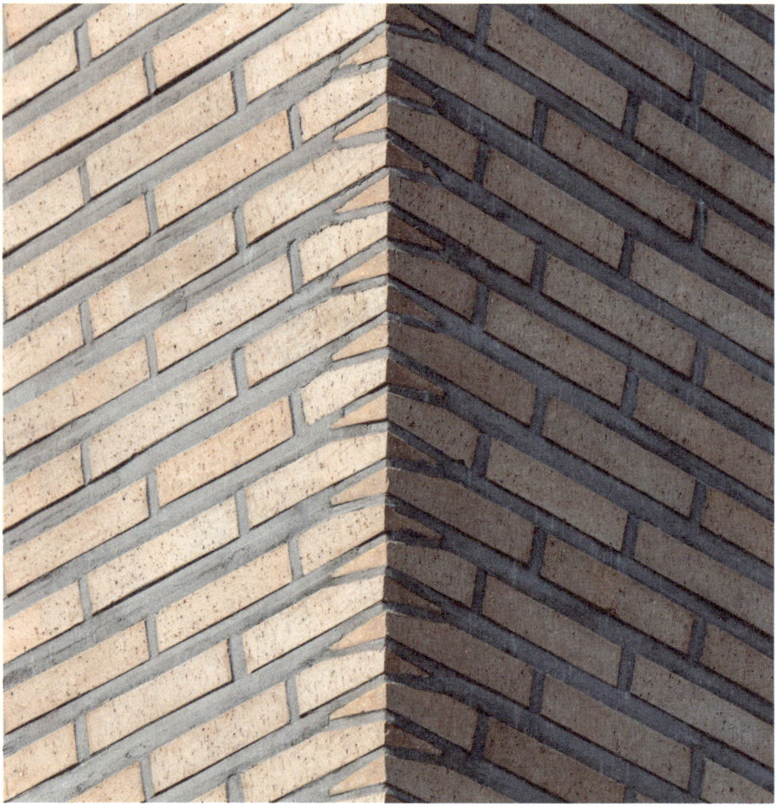

(멋지게!) 코너를 돌 수 있다는 것은 3차원화 될 수 있다는 것이다. 어떤 재료가 코너를 돌 수 있다면, 우주를 만들 수 있다는 말이다. The ability to turn the corner (with style!) is essential to expand into the three-dimentional realm. If a material can turn the corner, it can create the universe!

#turnthecorner #corner #cornerstone #fabrication #b-at @bat_komin @d8bro #shinkyungsub #경섭신 #신경섭 #정경진 #임한솔 #터구조 #무일건설

삶것/Lifethings
Wirye Residence

곡선을 따라 흐르는 벽돌. Brick follows the curve.

#wiryeresidence #elevationstudy #differentmasonry #diagonalstack #shinkyungsub #경섭신 #신경섭 #정경진 #임한솔 #터구조 #무일건설

삶것/Lifethings
Wirye Residence

창문은 지붕의 곡선을 따른다. Windows follow curves of the roof.

#skewedwindow #shinkyungsub #경섭신 #신경섭 #정경진 #임한솔 #터구조 #무일건설

삶것/Lifethings
Wirye Residence

입면의 모든 요소가 지붕의 곡선을 따른다. Facade elements follow the curve of the roof.

#curvedroofline #diagonalstack #shinkyungsub #경섭신 #신경섭 #정경진 #임한솔 #터구조 #무일건설

삶것/Lifethings
Wirye Residence

입면의 상승하는 곡선은 인테리어에서도 나타난다. (신유라 작가의 샹들리에) Gradually uplifting lines of the elevation is manifest on the interior as well. (chandelier by Yoola Shin)

#shinkyungsub #경섭신 #신경섭 #정경진 #임한솔 #신유라작가 #터구조 #무일건설

삶것/Lifethings
Wirye Residence

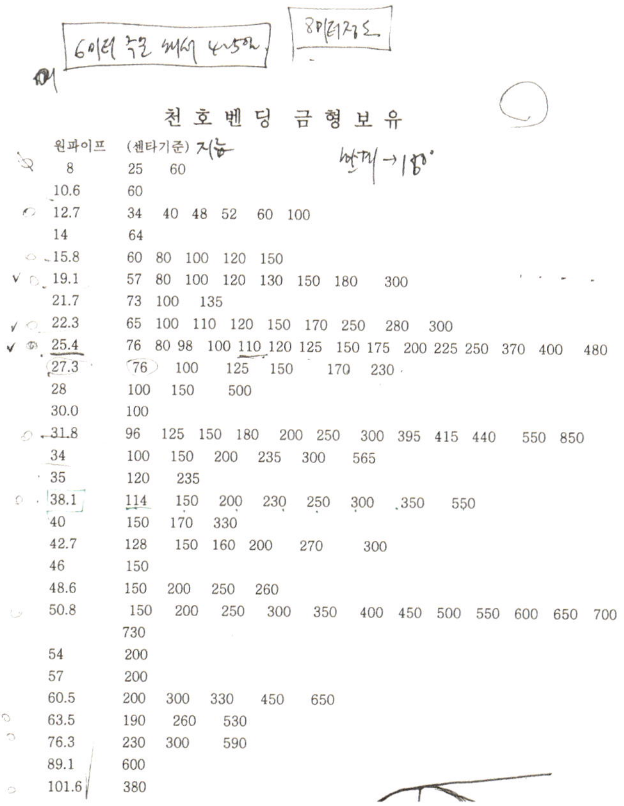

[6미터 줄 써서 45회] [8미터짜리]

천 호 벤 딩 금 형 보 유

밴더 → 180°

원파이프	(센타기준) 지름											
8	25	60										
10.6	60											
12.7	34	40	48	52	60	100						
14	64											
15.8	60	80	100	120	150							
19.1	57	80	100	120	130	150	180	300				
21.7	73	100	135									
22.3	65	100	110	120	150	170	250	280	300			
25.4	76	80	98	100	110	120	125	150	175	200	225	250	370	400	480
27.3	76	100	125	150	170	230						
28	100	150	500									
30.0	100											
31.8	96	125	150	180	200	250	300	395	415	440	550	850
34	100	150	200	235	300	565						
35	120	235										
38.1	114	150	200	230	250	300	350	550				
40	150	170	330									
42.7	128	150	160	200	270	300						
46	150											
48.6	150	200	250	260								
50.8	150	200	250	300	350	400	450	500	550	600	650	700
	730											
54	200											
57	200											
60.5	200	300	330	450	650							
63.5	190	260	530									
76.3	230	300	590									
89.1	600											
101.6	380											

디자인하기 전에, 공장을 방문해서 공구의 한계 먼저 공부하라. 작업자 아저씨랑 인사도 하고. Visit the fabricator, learn the limits of the exact machine you will be using before designing stuff. You will also get to know the operator.

#cncpipebending #moldlist #보유금형리스트 #공장방문먼저 #knowyourmachine #천호벤딩 #방춘혁사장님

삶것/Lifethings
Wirye Residence

아직까지 한국에 100% CNC 파이프벤딩은 없다. 사람이 도와주는 반CNC 벤딩기를 사용했다. In Korea, real 100% cnc bending of pipes are not available at the moment. We had to make do with semi-cnc bending assisted by human workers.

#cncpipebending #공장방문먼저 #knowyourmachine #천호벤딩 #방춘혁사장님

삶것/Lifethings
Wirye Residence

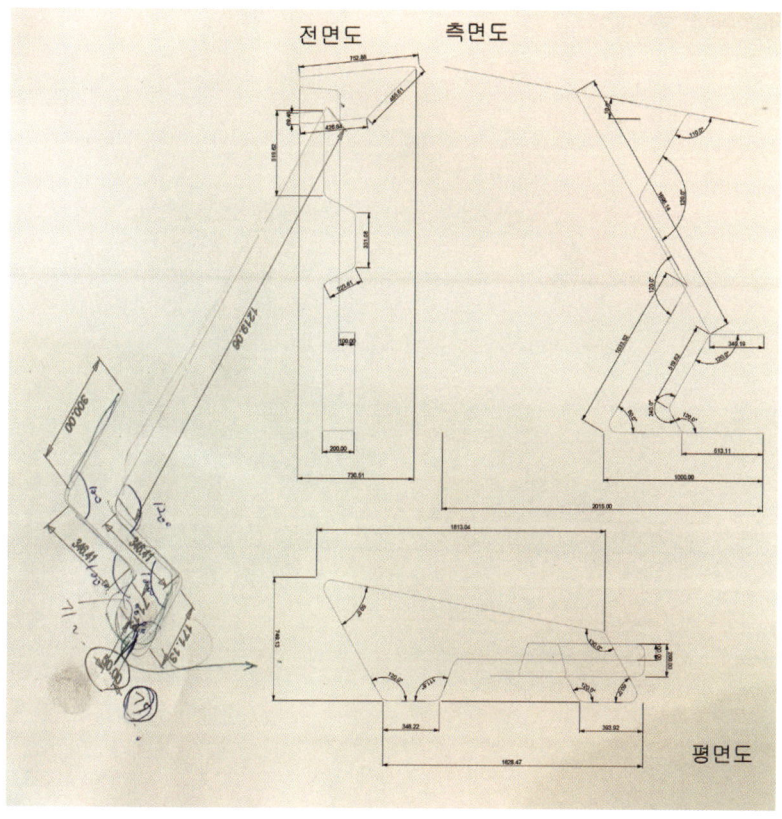

단일반경으로 벤딩하니 제작비가 최소화 되었다. Designing with a single radius bending minimized the fabrication cost.

#cncpipebending #공장방문먼저 #knowyourmachine #천호벤딩 #방춘혁사장님

삶것/Lifethings
Wirye Residence

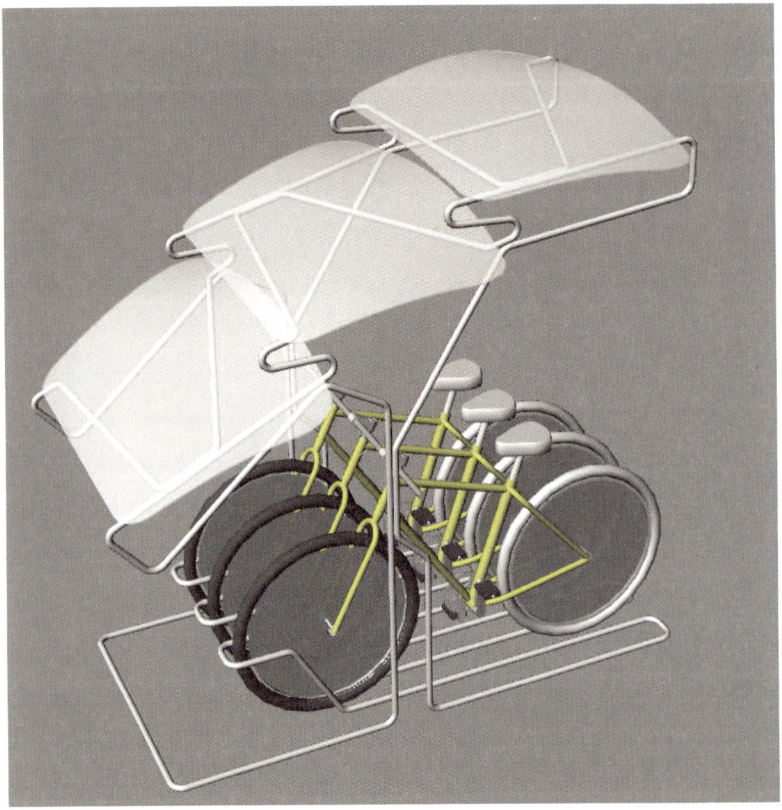

25.4mm 직경의 스틸 파이프를 한붓그리기 방식으로 CNC벤딩한 후, 소나타II 앞유리를 3개 올려 자전거 거치대를 만들었다. 25.4mm diameter steel pipes are CNC-bent in a Euler path arrangement to suspend three Sonata II windshields for each bike rack.

#한붓그리기 #eulerpath #cncbending #windshield #SonataII

삶것/Lifethings
Wirye Residence

(반)CNC 벤딩 완료! (Semi-)CNC bent and ready for assembly!

#cncpipebending #보유금형리스트 #공장방문먼저 #knowyourmachine #천호벤딩 #방춘혁사장님

삶것/Lifethings
Wirye Residence

공장조립된 상태로 현장에 설치된다. Preassembled units are being installed on site.

#금천구 #금나래중앙공원 #조영산업 #염동인사장님 #심영규 #위진복 #소나타II

삶것/Lifethings
Wirye Residence

자동차 모델이 생산중단 되기 전에 재고품을 충분히 확보하기 위해 대량의 유리창이 생산된다. 우리가 그 유리를 재사용했다. Massive quantities of windshields are manufactured right before a car model goes out of production to secure enough stock for maintenance. We reused them!

#금천구 #금나래중앙공원 #심영규 #위진복 #shinkyungsub #경섭신 #신경섭 #소나타II

aDlab+
W Pavilion 1

반복(Repetition)과 변화(Variation)는 Wood Pavilion의 아이디어를 결정하는 원리로서 '감각적 형상'이라는 핵심 개념을 중심으로 구축된다. Repetition and transformation are built around the core concept of 'sensensitive shape' as the principle of determining Wood Pavillion's idea.

#architecture #timber #fabrication #repetition #variation #pavilion #exploring #cave!

aDlab+
W Pavilion 1

한강의 여의도 공원에 설치된 파빌리온은 목재(Wood)와 디지털 디자인 기술을 이용해 도시 공공 공간의 편의성 증진과 경관에 활력을 제공한다. The pavilion installed at the Han River Yeouido Park uses wood and digital design technology to enhance convenience in this urban public spaces, and provide energy to the scenery.

#yeouido #han_river #construction #pavilion #chair #rest #multiplicities #public #shelter

aDlab+
W Pavilion 1

물성의 특징을 직접적으로 전하기 보다는 순차적 변화를 통해 표면과 형상으로서의 시각적 효과(Effect)를 만든다. It creates a visual effect as a surface and shape through sequential changes, rather than directly transmitting the characteristics of physical properties.

#fabrication #model #stacking #effect #acrylic #exhibition #continuous #form_tracing

aDlab+
W Pavilion 1

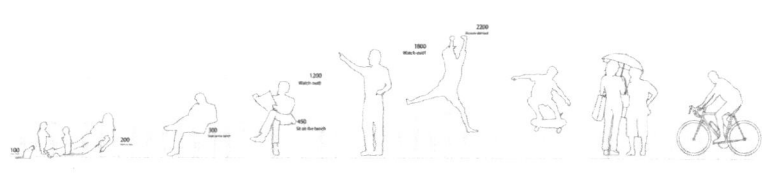

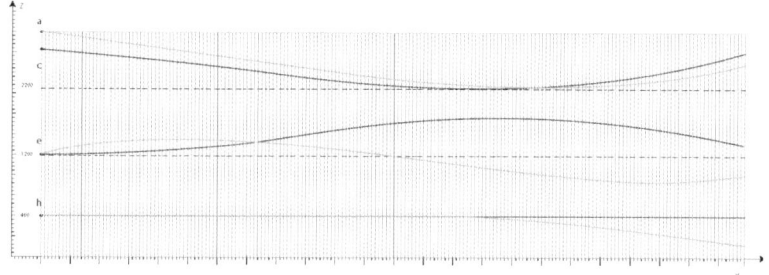

Pavilion은 공원에서의 임시적인 거처(Station)로서, 사용자의 행위와 패턴의 이해가 프로그램 구성의 중요한 단초로 작용된다. The pavilion is a temporary station in the park. Understanding users' behavior and patterns is an important starting point for program composition.

#diagram #pavilion #human #digital #activity #digital #design #performance #variation

aDlab+
W Pavilion 1

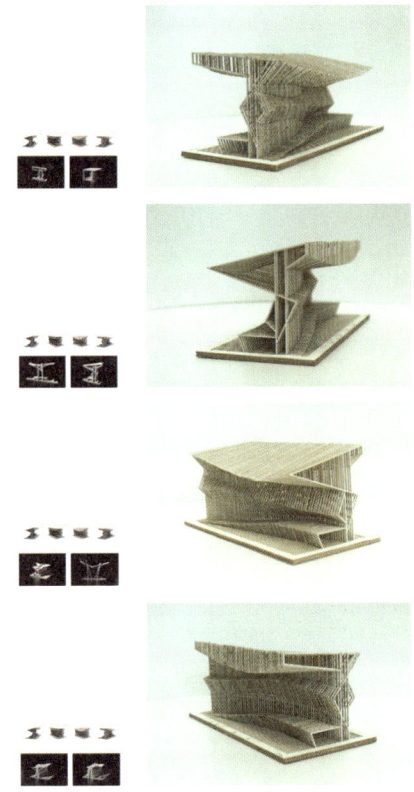

변화(Variation)과 다양성(Multiplicity)은 반복에 대한 순차적 차이(Difference)의 조합에 의해 구성된다. Variation and multiplicity are formed by a combination of sequential differences, for the sake of repetition.

#stacking #model #variation #multiplicity #difference #study #design #form_finding #work

aDlab+
W Pavilion 1

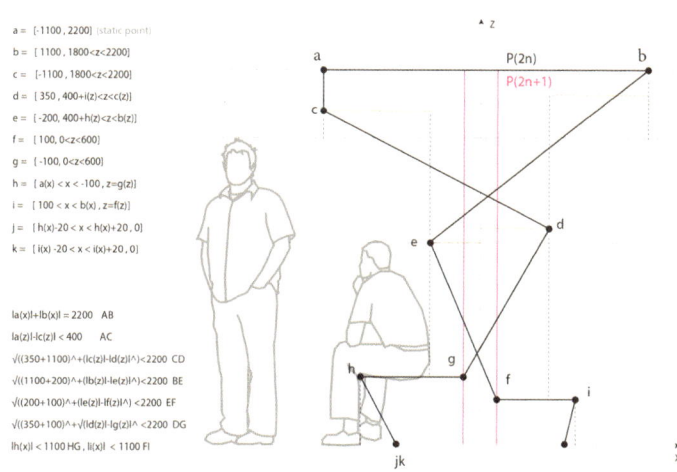

단면들은 제어점을 기준으로 선택된 변수 범위에 따라 구성된 안무에 따라 움직인다. Cross sections were moved according to the arrangement within the selected variable range, based on the control point.

#digital #design #architecture #diagram #human #parametric #range #section #rodin #le_penseur

aDlab+
W Pavilion 1

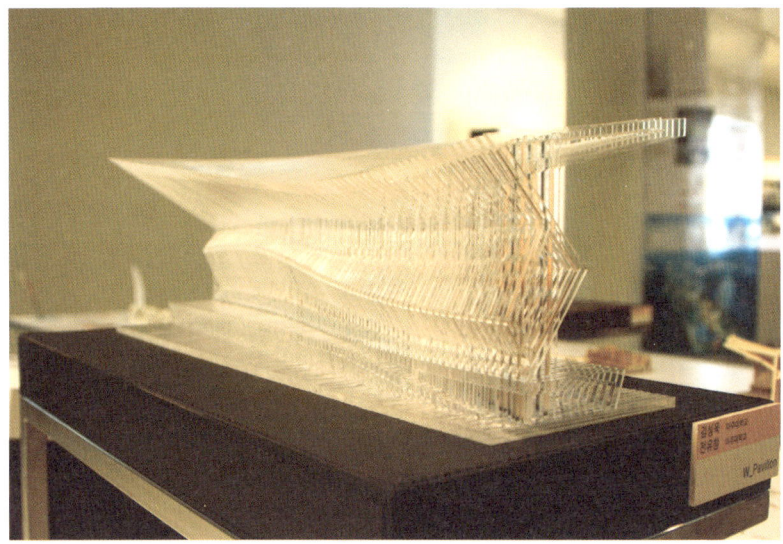

개체들의 연속된 조합은 시각적 효과를 동반한 매체가 될 수 있다. Consecutive combinations of entities can be comprised of media with visual effects.

#stacking #acrylic #architecture #model #digital #design #method

aDlab+
W Pavilion 1

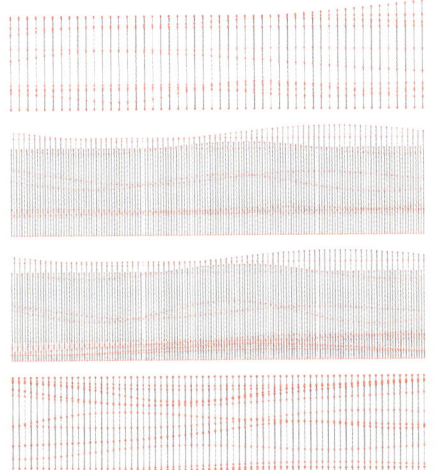
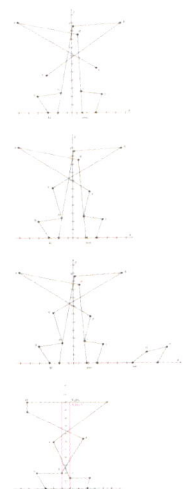

제어점들은 연속적, 유기적으로 연결되어, 순차적 반복의 원리를 만든다. Control points are connected in a continuous and systemic way to create the principle of sequential repetition.

#hinge #connection #repetition #continual #organic #diagram #digital #design #simulation #associative #geometry

aDlab+
W Pavilion 1

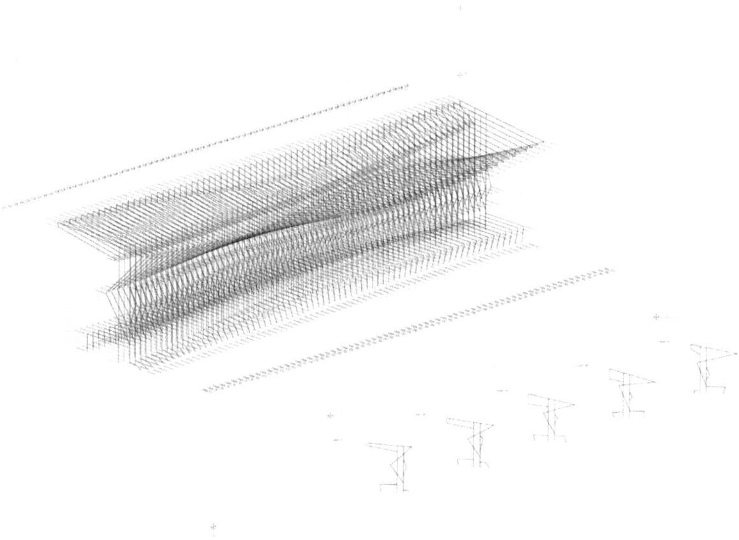

디지털 프로그래밍으로 만들어진 프로세스의 특징은 각기 다른 컴포넌트의 반복된 조합을 통해서 새로운 형상 및 표면의 적절한 시점에 얼려진 순간을 찾는 것이다.
A feature of the digital programming process is its ability to find a new shape and moment frozen at an appropriate point on the surface through repeated combinations of different components.

#digital #programming #process #component #combination #parametric #form_finding

aDlab+
W Pavilion 1

각 주요 단면들의 연결은 부재 치수 및 제어점의 점진적인 변형에 따라 부드럽게 연결되어 전체적으로 완만한 곡선들을 만들어 낸다. Each major section is densely connected according to the progressive deformation of the member dimensions and control points, on the whole resulting in gentle curves.

#wood #pavilion #component #connection #variation #section #stacking #optimization

aDlab+
W Pavilion 1

연속된 반복은 부재는 연속성 사이에서의 관계, 혹은 긴장을 통해 곡면의 구현이 가능하다. 변화(Variation)의 방식은 움직임, 밀도, 증식성, 생산성의 관계에 의해 결정된다. Continuously repeating members are able to realize a curved surface through the relationship between continuity and tension. Variations are determined by movement, density, proliferation, and productivity.

#architecture #exhibition #model #component #repetition #variation #density #movement #evolutionary_systems

aDlab+
W Pavilion 1

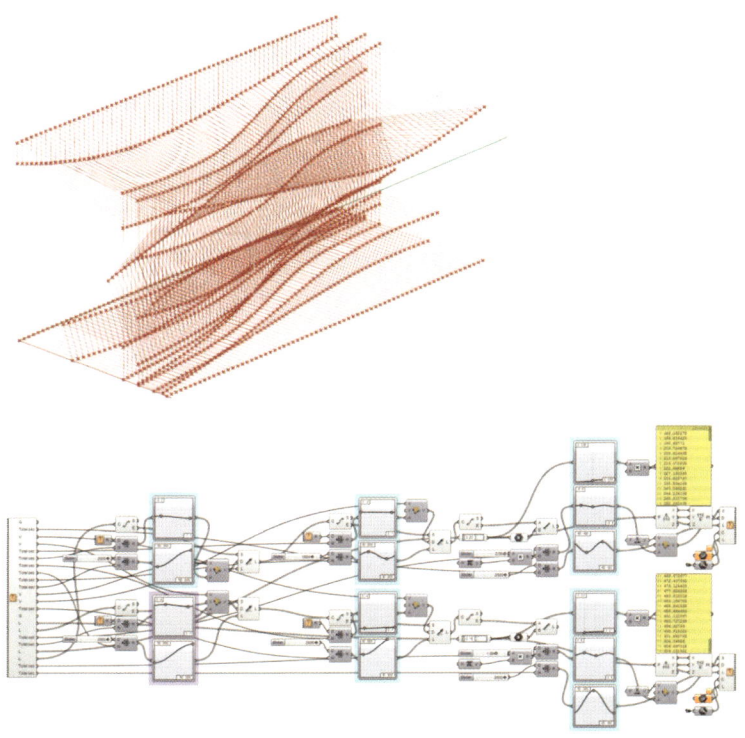

각 단면의 제어점들은 고정 제어점과 가변 제어점으로 나뉘고, 가변 제어점들은 전체적 조형의 변형을 만들어내는 매개변수로써 작동한다. The control points of each section are divided into fixed and variable control points. The variable control points act as a parameter for producing a transformation in the overall shaping.

#section #digital #design #grasshopper #script #control #point #variation #adaptive_systems #logic

aDlab+
W Pavilion 1

단면 프로파일의 중심축을 기준으로 양방향으로의 보이지 않는 힘을 통해 전체적인 형태를 만들어내었다. The overall shape was created by the invisible forces in both directions with respect to the central axis of the sectional profile.

#digital #design #shape #section #parametric #variation #pavilion #form_finding

aDlab+
W Pavilion 1

전체적인 조형은 동형사상의 단면(Isomorphic sections)들이 등간격으로 전진하고 후퇴함으로써 만들어지는 배치의 조합이다. Overall modeling is a combination of arrangements in which the isomorphic sections are created by equally spaced advancements and retractions.

#wood #pavilion #construction #isomorphic #sections #repetition #system #chair #rest

aDlab+
W Pavilion 1

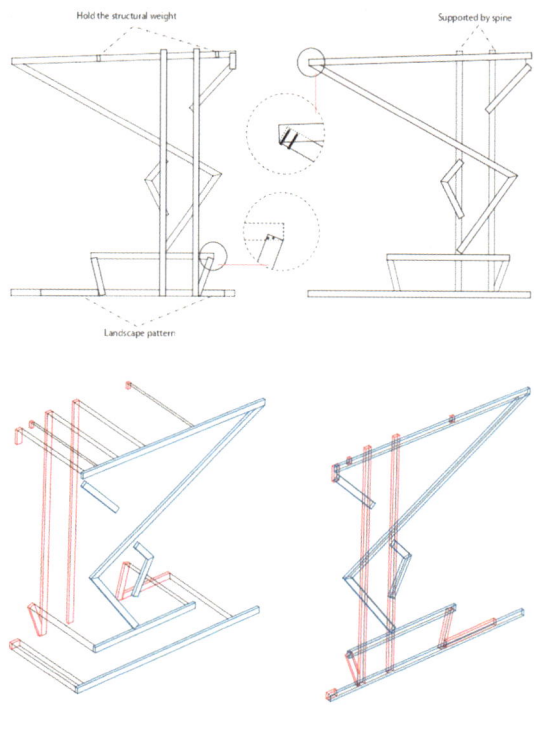

Cut and assembly

접합부의 디테일에 대한 고려가 필요하다. 각 부재의 반복과 변화를 기본 전제로 하고 다양한 각도를 고려하여 재단된다. It is necessary to consider the details of the joint, which are based on the assumption of repetition and change in each member and cut considering various angles.

#architecture #construction #diagram #connection #detail #repetition #variation #section #lego #assembly

aDlab+
W Pavilion 1

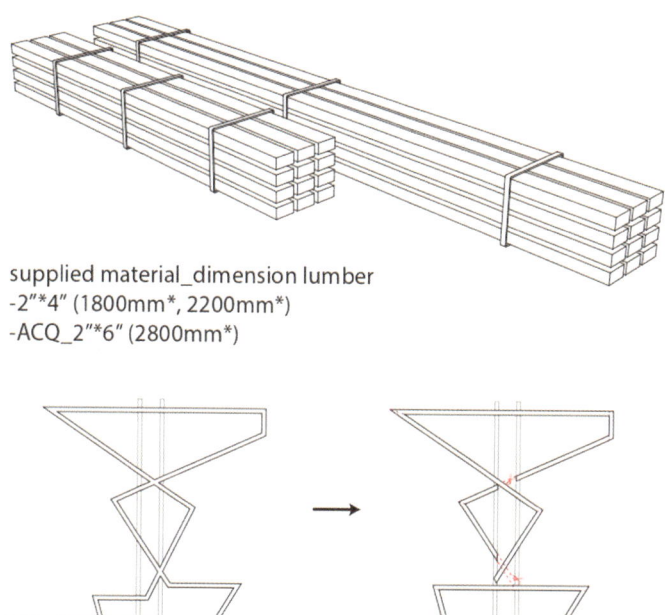

supplied material_dimension lumber
-2"*4" (1800mm*, 2200mm*)
-ACQ_2"*6" (2800mm*)

Remove overlaped part, Set layer part
- double layer, 15pieces per 1 group.

조형은 단면 모듈로 해체되어 시공이 가능한 부품이 된다. 목재의 속성을 고려한 Coding 방식이 구축으로 옮겨진다. The sculpture is disassembled as a single-sided module that can be reconstructed considering the properties of the wood; the coding method is shifted to construction.

#shape #wood #pavilion #component #detail #section #module #construction #parametric

aDlab+
W Pavilion 1

부분이 모여 전체를 이루고 전체는 다시 부분으로 해체되는 상호작용으로 유연한 구축이 가능해진다. Flexible construction is possible with interactions in which parts are gathered to form the whole and the whole is disassembled back into parts.

#pavilion #component #interaction #construction #detail #piece #lego #assembly

aDlab+
W Pavilion 1

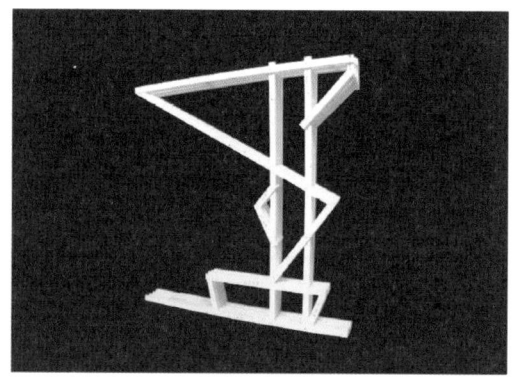

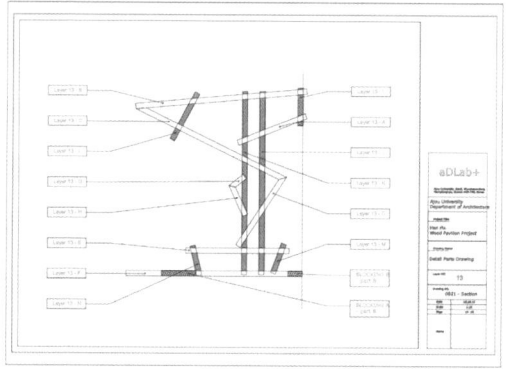

각 단면은 동일한 개수의 부재와 제어점을 가지고 있으며, 이 부재의 치수와 배열은 구조적 흐름을 솔직하게, 때론 과장되게 보여준다. Each section has the same number of members and control points; the dimensions and arrangement of these members frankly, and sometimes exaggeratedly, show the structural flow.

#section #construction #drawing #component #wood #stacking #arrangement #control #point

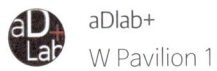
aDlab+
W Pavilion 1

Construction Part 2 : Transport and Reassembly

연속된 프로파일들의 반복과 차이를 통해 복잡한 형상의 공간적 성격을 쉽게 제어한다. Continuous repetition and differences in profiles can easily control the spatial characteristics of complicated shapes.

#han_river #pavilion #construction #wood #section #stacking #shape #repetition #difference #work #public #chair

aDlab+
W Pavilion 1

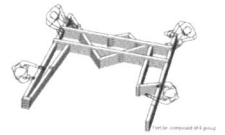

It has assembled enough to carry at least 4 people.

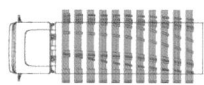

Maximum transportable set 11(11/22)

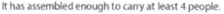

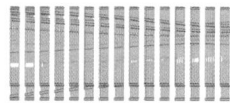

Fragment and Reassemble _ On site

분리, 이동과 재조립에 대한 이해는 시스템 구성의 필수요소이다. Understanding separation, movement, and reassembly is an essential component of system configuration.

#construction #diagram #transportation #detach #assembly #system #work

aDlab+
W Pavilion 2

건축물의 표면 내의 기본적인 요소들이 반복적인 형상을 통하여 개구부가 형성되며 이러한 패턴은 확장과 변화에 의해 리듬과 반복, 그리고 이의 변주에 따라 율동감을 부여한다. The basic elements at the surface of the building form the opening through repetitive shapes; these patterns give rhythm, repetition, and a lyrical sense by expansion and change, according to their variations.

#pixel #pavilion #wood #surface #component #repetition #shape #parametric #logic

aDlab+
W Pavilion 2

목재가 가지고 있는 재료적 특성과 성능에 대한 가능성을 파악하고 이를 공공공간의 요구와 기능에 적합한 시설로서 구현한다. This is the result of the effort to grasp the material characteristics and performance possibilities of wood, and to consider the suggestion and application of a new design methodology.

#pavilion #wood #construction #material #digital #assembly #design #ttukseom #han_river

aDlab+
W Pavilion 2

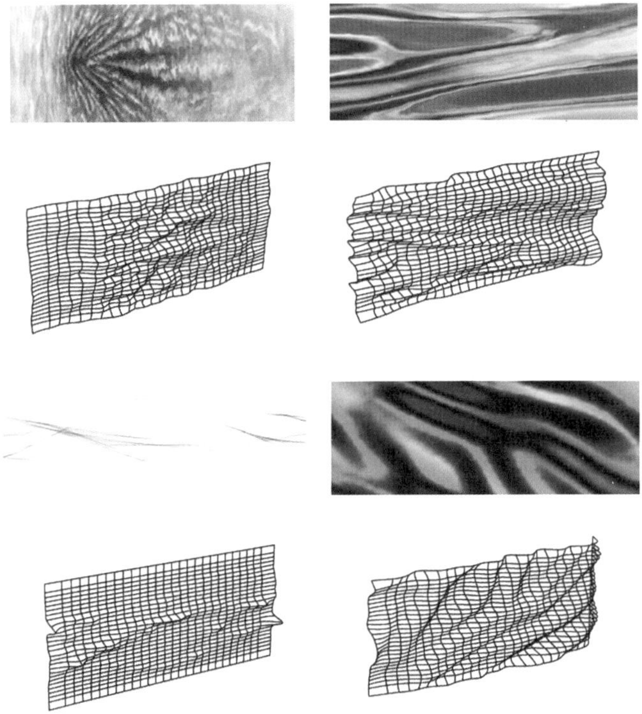

다양한 Noise study를 통한 픽셀링 계획 : 알고리즘으로 체계화 된 이미지는 전체 입면의 윤곽과 중첩되어 인코딩된다. A pixeling plan with various noise studies is when algorithm- organized images are overlapped and presented with the contours of the entire facade.

#digital #diagram #parameter #noise #pixeling #algorithm #programming #pattern

aDlab+
W Pavilion 2

디지털 디자인 기술의 발전은 이미지와 형태를 자유롭게 변형하고 조작할 수 있는 가능성 보여준다. 이미지의 병합과 상호작용을 통해 새로운 공공성을 구축한다. The development of digital design technology illustrates the possibility of freely transforming and manipulating images and forms. Innovation can be accomplished through the merging and interacting of images.

#ttukseom #han_river #wood #pavilion #construction #shape #fabrication #human

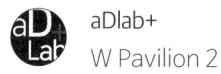

aDlab+
W Pavilion 2

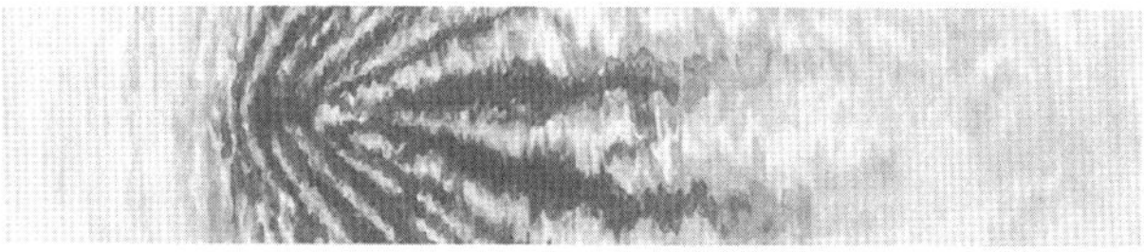

한강의 물의 흐름을 이미지화하여 파빌리온의 표면에 적용하기 위해 이미지를 표면에 인코딩 시켜 각각이 갖는 단위 모듈의 깊이를 형성하였다. To create an image of the Han River's flow and apply it to the surface of the pavilion, the image was encoded on the surface to provide depth to each unit module.

#concept #diagram #flow #surface #digital #programming #algorithm #associative #geometry

aDlab+
W Pavilion 2

Pixelscape 표면의 물성이 시각적인 간섭을 통해 매체화되는 수단인 디지털 기술이 생산수단으로서의 역할보다는 시각적인 건축이미지를 표상하는 역할을 수행한다. Pixelscape_digital technology, a means by which the physical properties of surfaces are mediated through visual interference, serves as a visual representation of the architectural image rather than a means of production.

#pixel #surface #wood #construction #digital #visual #design #fabrication #assembly

aDlab+
W Pavilion 2

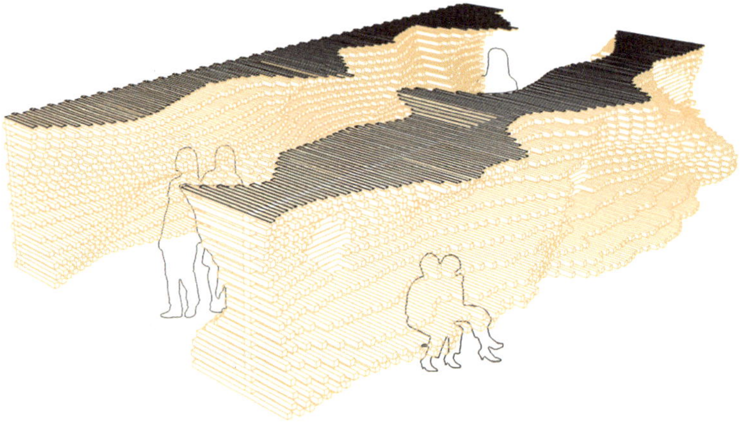

픽셀링의 개념을 통해 보다 적극적이고 표상적으로, 신체의 체험이 이루어지는 표면 구축이 가능해졌다. Through the concept of pixeling, it became possible to construct a surface where the experience of the body becomes more active and representational.

#pixeling #concept #pavilion #human #activity #surface #shape #digital #design

aDlab+
W Pavilion 2

픽셀들의 Extrusion을 통해 다양한 프로그램에 대응할 수 있다. It can cope with various programs through extrusion of the pixels.

#architecture #model #pixel #component #extrusion #program #study

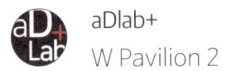
aDlab+
W Pavilion 2

단순한 조합들은 컴퓨터 연산능력의 발달로 말미암아 다양한 방식의 조형 형태와의 연관성을 가진다. Simple combinations are associated with various forms of molding due to the development of computer operations.

#ttukseom #han_river #pixeling #pavilion #wood #fabrication #shelter #human

aDlab+
W Pavilion 2

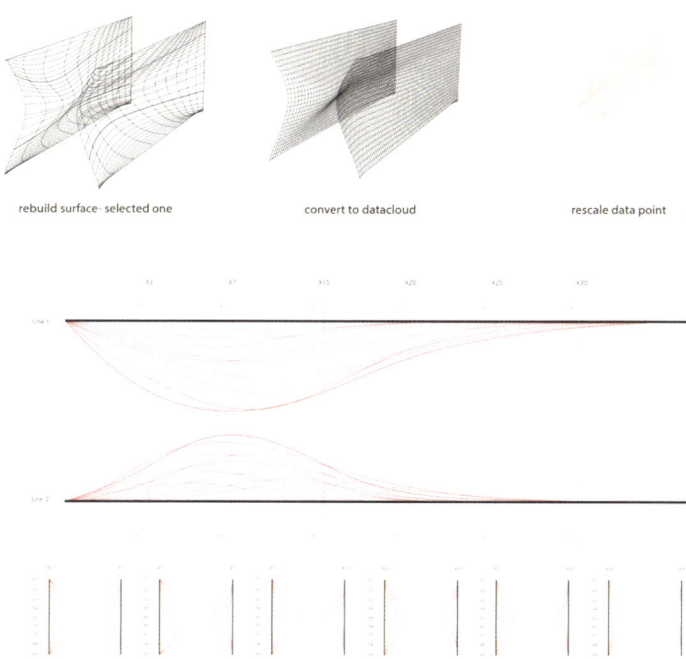

rebuild surface- selected one   convert to datacloud   rescale data point

Tooling은 잠재적 상태와 고정된 형태 사이의 매개체이며 프로그램과 장소의 논리에 따라 유연하게 형태적 논리를 전개하며 작동할 수 있다. Tooling is a mediator between a potential state and fixed form that can be flexibly operated by developing morphological logic according to the logic of the program and place.

#digital #diagram #grasshopper #algorithm #programming #coding #curves

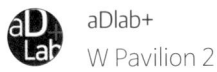

aDlab+
W Pavilion 2

코드화된 표면은 동일한 부재에 부재의 순서와 규칙을 따라 각기 다른 의미를 부여한다. Coded surfaces give different meanings to the same members along a particular order and according to the members' rules.

#wood #surface #construction #component #material #floor

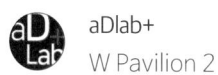
aDlab+
W Pavilion 2

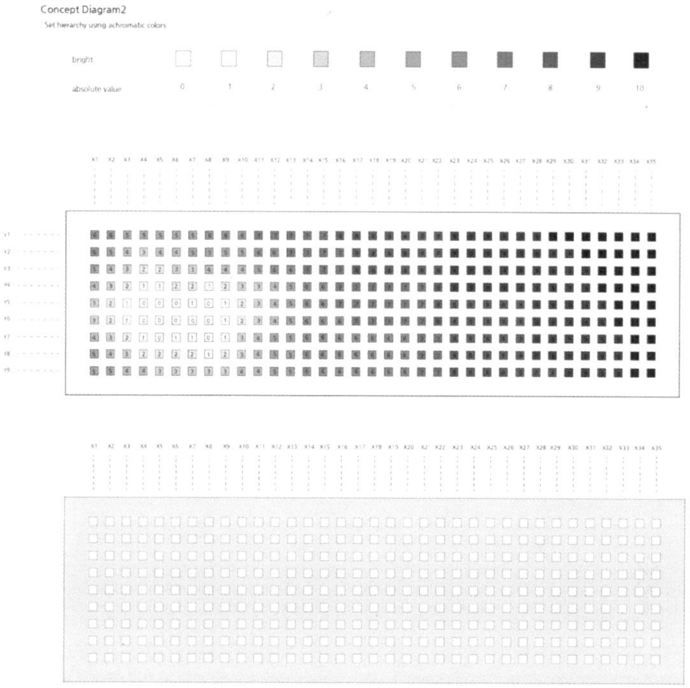

픽셀링은 재료가 가지는 물성 특징을 강조하거나 고유의 형상을 극대화함으로써 표면에 패턴 관계를 드러낸다. Pixeling exposes the patterns' relationships on the surface by emphasizing the physical properties of the material and maximizing its inherent shape.

#architecture #pixeling #diagram #pattern #digital #plan #associative #geometry

aDlab+
W Pavilion 2

컴퓨터에 의한 시뮬레이션 기술과 제작 기술은 반복적이고 변화하는 픽셀링 효과에 맞는 다양한 패턴과 이미지 형성을 가능하게 한다. Computer-assisted simulation and fabrication techniques enable various patterns and images to be created for repeated and varied pixeling effects.

#digital #elevation #diagram #simulation #pixeling #pattern #variation #logic

aDlab+
W Pavilion 2

코드화된 표면을 통해 시각적 자극을 꾀하는 매체적 표면으로 진화한다. It evolves through a coded surface into another surface as a medium for visual stimulation.

#wood #component #surface #material #construction #pixel #visual #stimulate

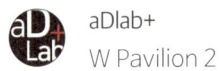
aDlab+
W Pavilion 2

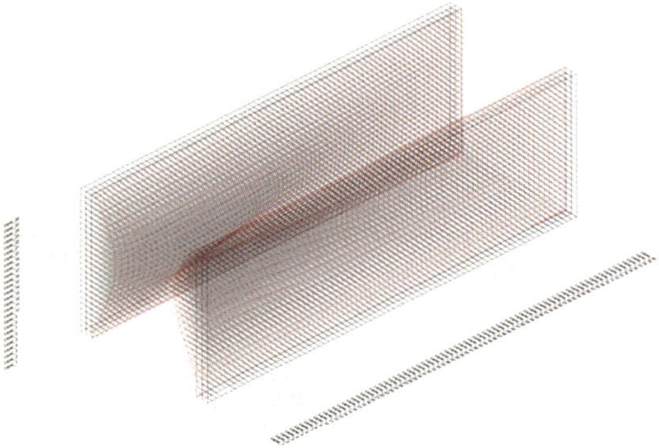

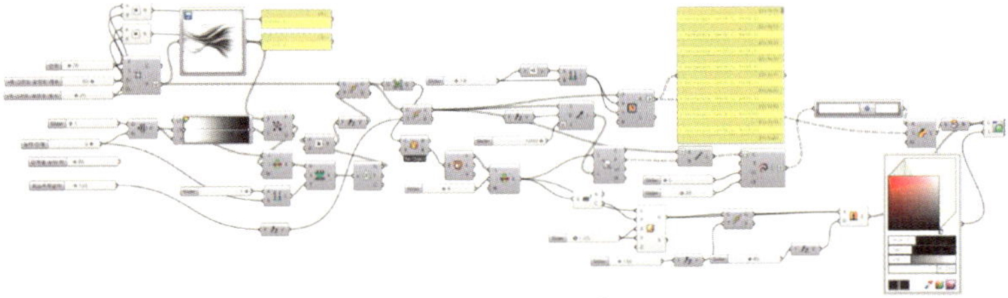

기준으로 삼을 수식과 그래프의 선택은 중요한 '디자인 작업'이다. 적절한 공간감을 찾기 위해 끝없는 구성/재구성의 디지털 기술을 응용한다 하더라도 예외는 없다. The choice of formulas and graphs as criteria is important "design work." There is no exception to applying digital technology to endless configurations or reconstructions to find a proper sense of space.

#parametric #grasshopper #algorithm #digital #design #expression #graph #composition

aDlab+
W Pavilion 2

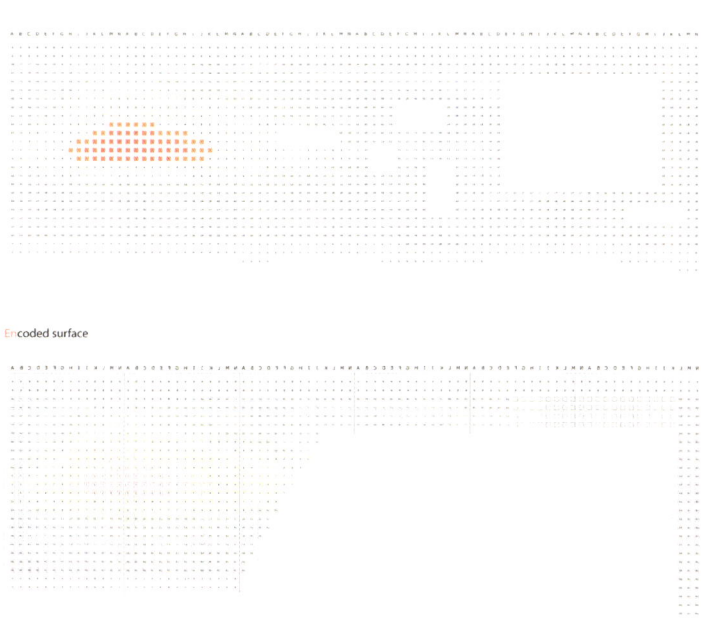

Encoded surface

인코딩 과정에서 2x2 각재의 길이가 결정되며, 이미지를 통해 얻어진 3D의 형태는 Paracloud에 의해 코드화된다. During the encoding process, the length of a 2x2 grid is determined, and the shape of the 3D object obtained from the image is coded by Paracloud.

#digital #diagram #component #pixel #3d #paracloud #logic #elevation

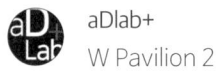

aDlab+
W Pavilion 2

- Diagram of Construction

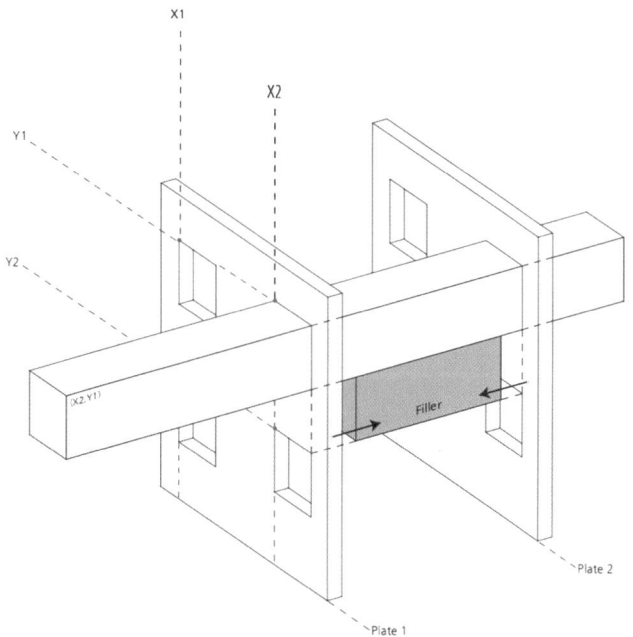

결구 방식은 가장 효율적이고 단순한 제작 과정에 대한 고민을 반영한다. The construction method reflects concern about the simplest and most efficient production process.

#detail #construction #diagram #component #production #joint #assembly

aDlab+
W Pavilion 2

디지털 이미지를 이루는 최소단위로서 픽셀(Pixel)의 개념과 상응한다. 픽셀의 조합으로 이루어지는 디지털 이미지가 하나의 시각적 효과를 만든다. The minimum unit of a digital image corresponds to the concept of the pixel. A digital image consisting of a combination of pixels creates a visual effect.

#picture #element #pixel #combination #digital #image #human #face #adaptive #system

aDlab+
W Pavilion 2

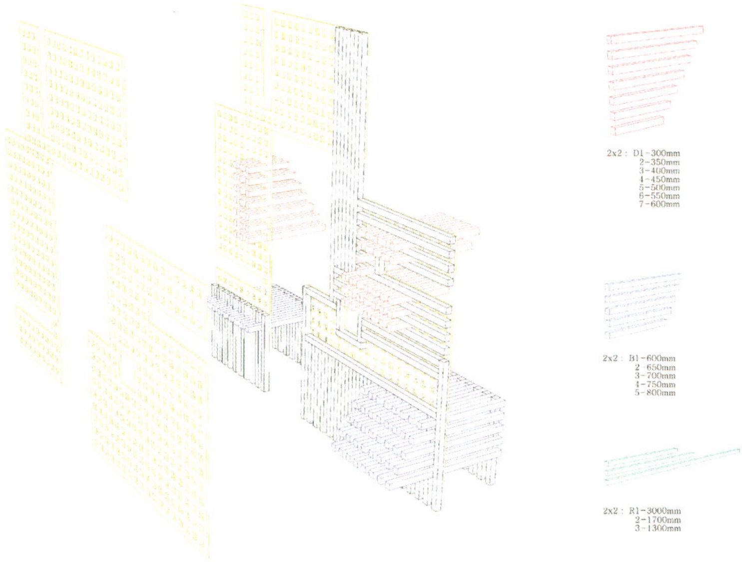

일관된 규칙에 따라 움직이기 위해서는 엄격한 시스템의 구성이 필요하다. 공간의 내적인 함의와 표상의 외적인 의미를 가능하게 하였다. Strict system configuration is required to move in accordance with consistent rules. The accumulated implementation is made possible through the internal implications of space and external meaning of the representation.

#axonometric #fabrication #system #diagram #component #assembly #variation

aDlab+
W Pavilion 2

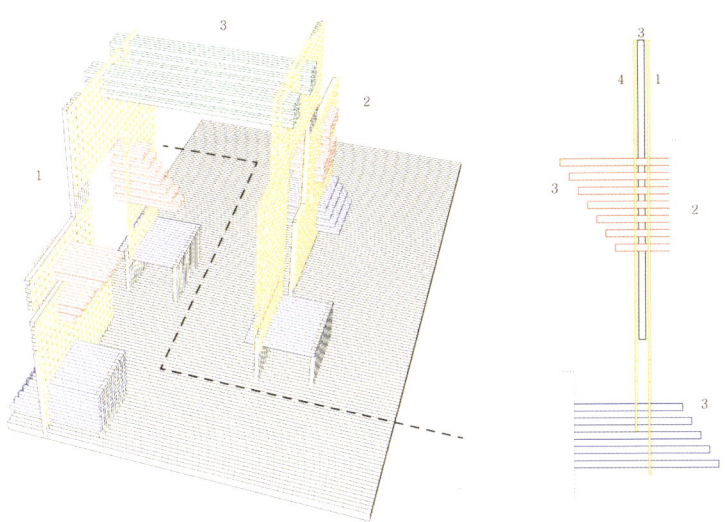

재료의 변형/ 모듈의 재구성은 이미지의 즉각적, 직접적 변형을 통해 표면에 시스템으로 구축된다. Deformation of the material or reconstruction of the module is built into the system on the surface through immediate and direct deformation of the image.

#construction #system #diagram #variation #component #assembly

aDlab+
W Pavilion 1

구축은 중력의 법칙을 따를 수 밖에 없는 현장 시공의 특성에 따라 안정적인 접합과 형태의 관계에 의해 재조정된다. Construction is readjusted by the relationship between stable connection and form according to the characteristics of the site's construction, which must obey the law of

#pixel #construction #diagram #digital #axonometric #connection #assembly #system #lego

aDlab+
W Pavilion 2

픽셀은 해체의 성격을 가지며, 불안정에 기인한 촉각적 시각화의 성격을 지닌다. A pixel's nature is delineated by deconstruction and tactile visualization, due to its instability.

#pixel #component #unit #assembly #pattern #construction #surface

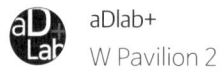

aDlab+
W Pavilion 2

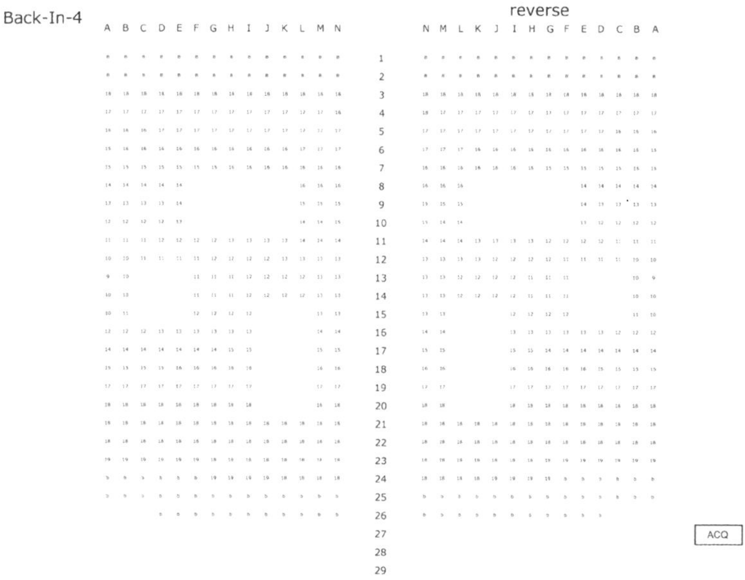

사용자의 다양한 지각, 감각, 정서, 심리 등의 조건을 고려하여 각 픽셀에 개성을 부여한다. Each pixel is made individuality by taking into consideration various conditions of the user such as perception, sensation, emotion, psychology, and so on.

#elevation #drawing #digital #pixel #component #parametric

aDlab+
W Pavilion 2

다양한 군집을 이루는 점적인 측면을 펼쳐(Unfold)본다. 때때로 가장 간결한 결론이 가장 효율적인 해결책이다. It is better to unpack the dots that make up the various communities. Sometimes the simplest conclusion is the most efficient solution.

#pavilion #construction #pixel #production #assembly #student #rest

aDlab+
W Pavilion 2

목재는 픽셀로 구축되어 표면의 물성이 이미지로 바뀌며 픽셀들과 개구부가 만들어 내는 공간감을 제공한다. Wood is made up of pixels that change the physical properties of the surface into images, providing the spatial feeling of pixels and openings.

#wood #pavilion #pixel #surface #material #component #variability

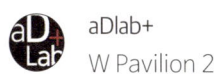

aDlab+
W Pavilion 2

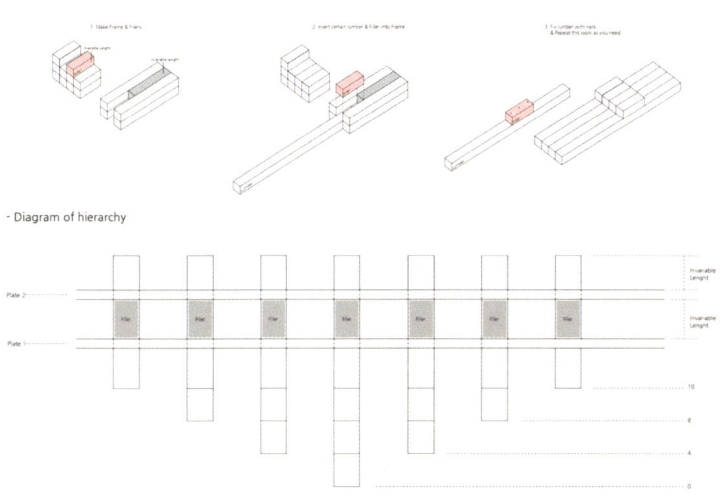

- Diagram of hierarchy

동일한 부재는 길이의 변화와 반복의 적극적인 조정과 통제를 통해 효율적이면서도 형태의 다양한 형태로 구축된다. The same member is constructed in various efficient forms through changes in length, active adjustment, and the control of repetition.

#component #construction #hierarchy #diagram #variation #repetition #shape

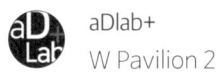

aDlab+
W Pavilion 2

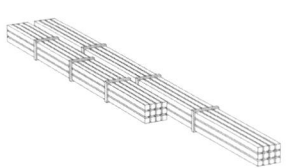

supplied material_dimension lumber
-2" * 2" (1800mm*, 2200mm*)

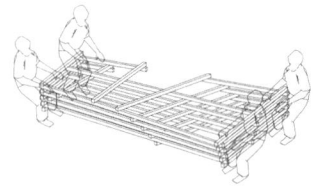

It has assembled enough to carry at least 4 people

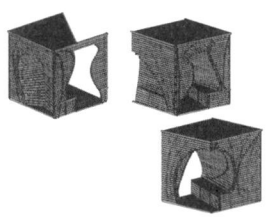

Fragment and Reassemble

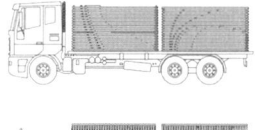
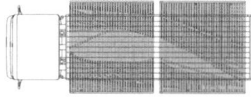

Maximum transportable set
2units

Proto-type은 하나의 체계를 가지는 System으로서 대지의 상황과 프로그램의 변화에 따라 유연하게 대응하며 이동 및 재구축이 가능해진다. A prototype is a mechanism with a single system that can flexibly respond to changes in the program and the site' situation by being moved and reconstructed.

#proto_type #construction #fragment #assembly #diagram #transportation

aDlab+
W Pavilion 2

Construction Part 2 : Transport and Reassembly

파빌리온은 하나의 구조체를 분해 가능한 오브제의 성격을 지닌다. 이동과 재조립이 가능한 아이디어를 통해 범용적으로 설치가 가능하다. A pavilion has the character of an object that can disassemble a structure. It can be installed universally through ideas that can be moved and reassembled.

#pavilion #construction #objet #transportation #reassembly #component #fragment

aDlab+
W Pavilion 3

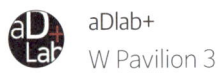

규격화된 나무 각재의 사용으로만 제한된 프로젝트의 환경 속에서 매개변수적 시스템설정을 통해 나무 각재의 개체적 성질을 없앴다. In a project environment limited only by the use of the standardized wood block, the parameterized system setting removes the individual properties of the wood block

#kangdong_artcenter #wood #pavilion #material #continuity #parametric #shape #form #generation

aDlab+
W Pavilion 3

파빌리온은 공공시설물로써 공원을 이용하는 사용자의 요구 와 행동 패턴에 적극적으로 반응(Body-scape)하고 역동적인 한강의 유동성을 드러낸 프로젝트이다. The Pavilion is a project that responds positively to the demands and behavior patterns of users who use parks as public facilities; it underscores the dynamic fluidity of the Han River.

#kangdong_artcenter #wood #pavilion #public #pattern #fluidity #digital #continuity #parametric

aDlab+
W Pavilion 3

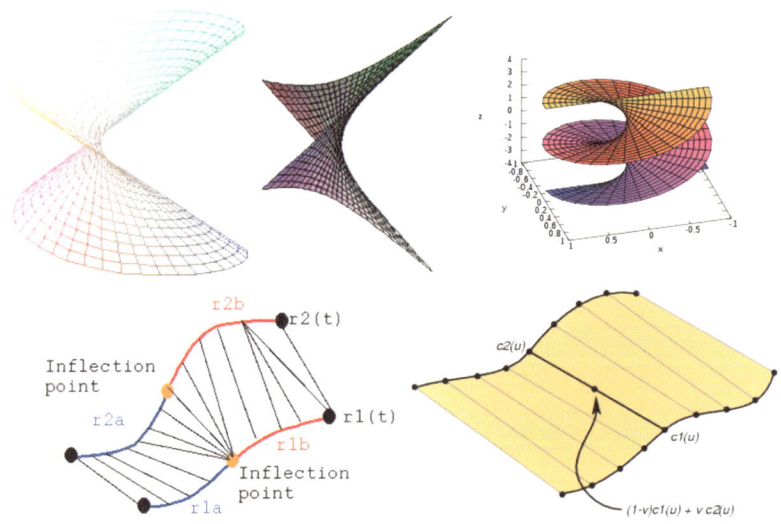

비정형 생성원리 중 룰드 서페이스는 직선 부재의 연속적 연결을 통해 곡면을 만들어 내는 방법이다. An atypical generation principle, a ruled surface is a method for creating a curved surface through continuous connection of linear members.

#digital #diagram #atypical #ruled_surface #fragment #connection #surface #made_in #line

aDlab+
W Pavilion 3

파라메트릭 디자인 도구의 활용은 엄격한 틀 속에서의 변주가 필요하다. The use of parametric design tools requires variation to a rigid framework.

#parametric #tool #digital #grasshopper #design #variation #linear #curves

aDlab+
W Pavilion 3

디자인 도구(Tooling)는 이러한 "물질화 이전(Pre-Material)" 상태에 대한 조직의 규칙으로서의 의미를 찾을 수 있다. 이러한 규칙은 디자인의 원리로 발전되며 또한 구축의 원리로 실현된다. Design tooling can find meaning as an organizational rule about the "pre-material" status. Such rules evolve into principles of design and are realized as principles of construction.

#wood #pavilion #construction #tooling #pre_material #dynamic #digital #shelterication

aDlab+
W Pavilion 3

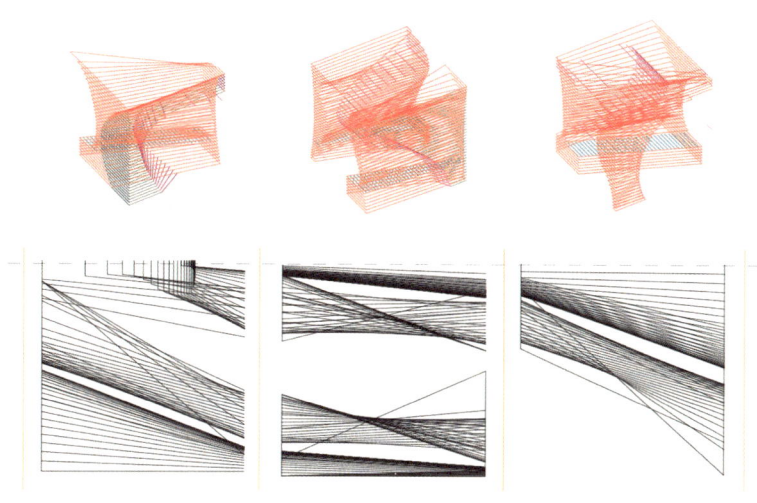

분리된 구성은 공간적 다양성을 제공하고 구축의 유연성과 함께 이동의 편의성을 고려한다. Separate configurations provide spatial diversity and consider the ease of movement along with the flexibility of construction.

#digital #3d #design #diversity #diagram #flexibility #of #construction

aDlab+
W Pavilion 3

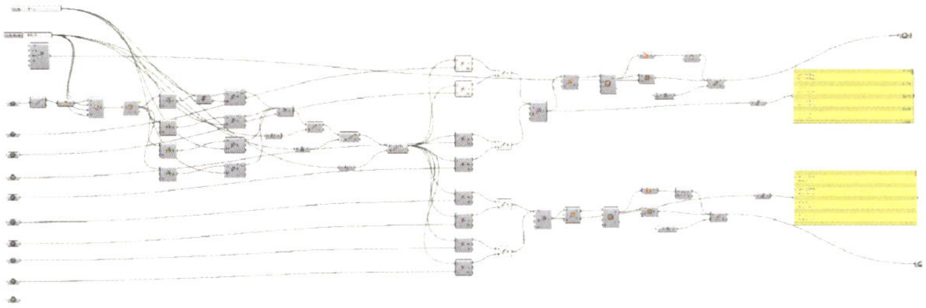

직선 부재로 다양한 곡면 공간을 계획하는 프로그램은 설계 과정이 지속될수록 변수는 고정되고 계산은 명쾌해진다. In the case of a program that plans various curved surface spaces with a straight member, the variations become fixed as the design process continues and calculation becomes clearer.

#grasshopper #algorithm #calculation #programming #script #digital #drawing

aDlab+
W Pavilion 3

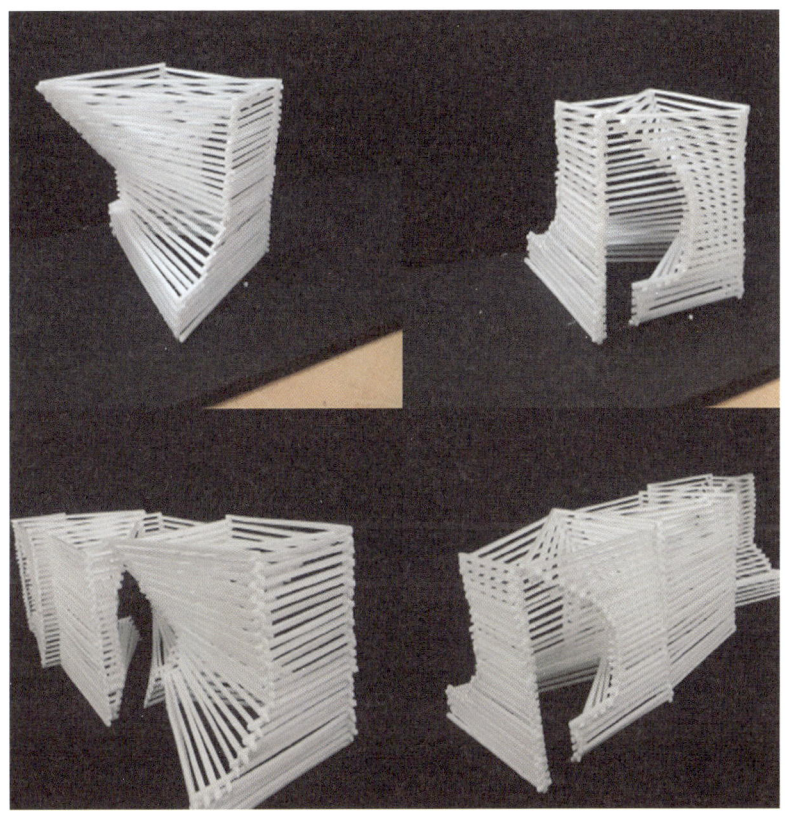

다양한 변주의 선택과정은 아날로그적 확인 과정을 거쳐야만 한다. The selection process of the numerous variants must go through analog verification.

#model #variation #fragment #assembly #analogical #physical #alternative

aDlab+
W Pavilion 3

비선형적 가능성의 범주를 객체변화의 프레임 안에서 통합할 수 있는 방법으로서 Stacking의 조형 시스템이 제안되었다. A modeling system for stacking has been proposed as a means of integrating the category of nonlinear possibilities within the frame of object change.

#acrylic #model #fragment #stacking #variation #spiral #jenga

aDlab+
W Pavilion 3

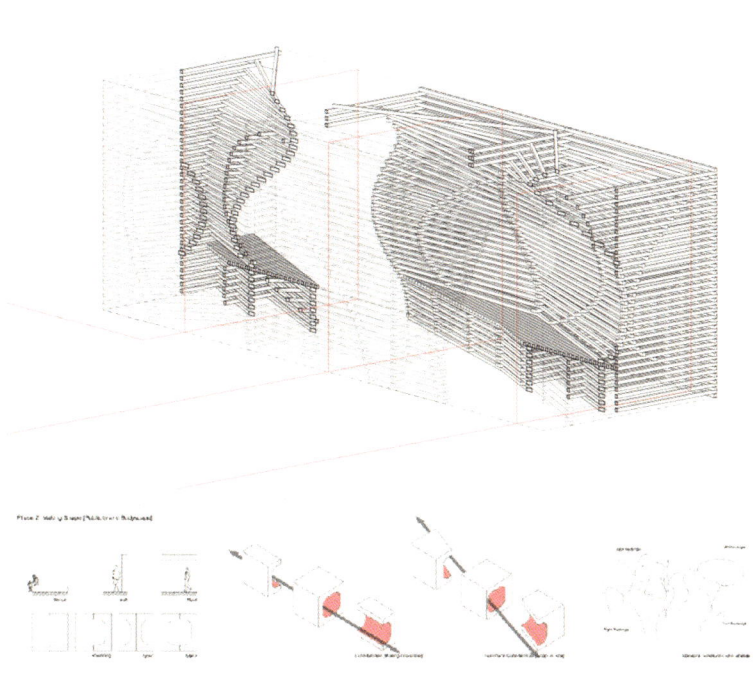

조립/분해/이동/재조립을 위해서는 다양한 고민이 필요하다. Assembly, disassembly, movement, and reassembly all involve various types of trouble.

#digital #modeling #fragment #assembly #detach #transportation #onto #10-ton_truck

aDlab+
W Pavilion 3

Tooling은 잠재적 상태와 고정된 형태 사이의 매개체이며 프로그램과 장소의 논리에 따라 유연하게 형태적 논리를 전개하며 작동할 수 있음을 의미한다. Tooling is a mediator between a latent state and fixed form. This means that it can operate flexibly and morphologically according to the logic of the program and the place.

#digital #diagram #variation #tooling #program #shape #laminar #wavy #film

aDlab+
W Pavilion 3

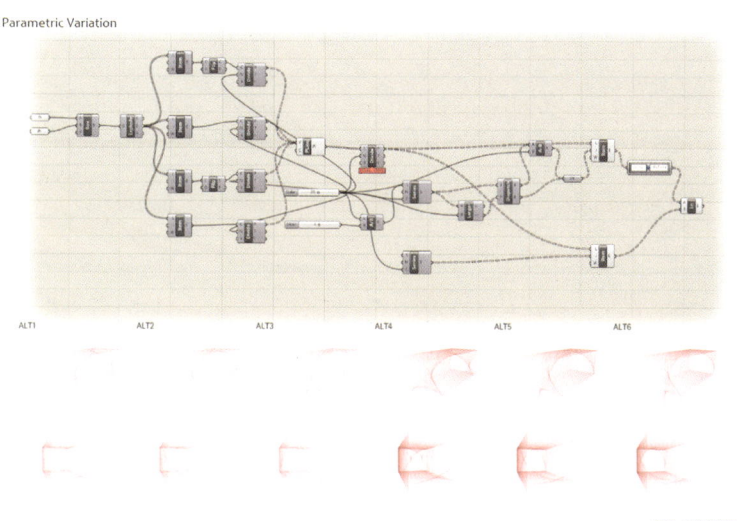

정해진 룰에 따라 부재를 춤추게 만드는 과정은 디지털 기술의 끊임없는 재생산적 특성으로 존재적 가치로 머무는 모듈화에서 디지털 특성이 투영된다. (Versioning)이 가능하다. The process of making a member dance in accordance with established rules is a constant reproduction characteristic of digital technology. Also, digitalization can be accomplished by versioning the modularity, which stays with the existing value.

#grasshopper #script #algorithm #digital #module #versioning #fragment

aDlab+
W Pavilion 3

물성의 특징을 직접적으로 전하기보다는 순차적 변화를 통해 표면과 형상으로서의 시각적 효과(Effect)를 만든다. A visual effect, as a surface and a shape, is created through sequential change rather than by directly conveying the characteristics of physical properties.

#wood #pavilion #construction #fragment #reconstruct #branch

aDlab+
W Pavilion 3

Proto-type과 Typology의 차이는 하나의 체계를 가지는 System으로서 대지의 상황과 프로그램의 변화에 따라 유연하게 대응하며 재구축이 가능해진다는 점이다. The difference between a proto-type and typology is that one can be flexibly responded to and reconstruct something according to the site situation and changes in the program as a single system.

#prototype #typology #digital #modeling #reassembly #system #fragment

aDlab+
W Pavilion 3

RECTANGULAR MODULE

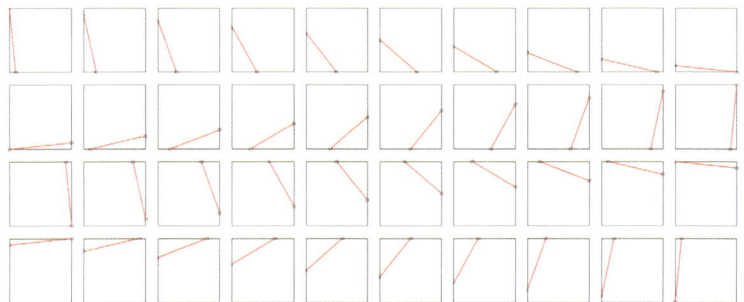

각각의 과정들은 마치 춤의 스텝의 설명처럼 보인다. Each process looks like a description of dance steps.

#digital #diagram #module #process #fragment #combination #forming #documentary #movie

aDlab+
W Pavilion 3

목재는 가볍고 무르며, 치수의 조정과 변형이 편리하다. 건축이 형태와 공간의 형성과정으로 볼 때 하나의 고정된 실체로서 형성되기 전에 미분화된 상태의 자율적 조직이 존재한다. Wood is light, tender, and easy to adjust; it is simple to modify the dimensions. There is an autonomous organization of the undifferentiated state before it is formed as a fixed entity.

#construction #pavilion #wood #substance #organization #material #take_care #fingers!

aDlab+
W Pavilion 3

Phase 10. Atlas of Assemblies

디자인에서 버전(Version)은 본래의 개 체적 특성의 범주에 포함 된 하나의 시리즈 (Series) 라고 볼 수 있다. Design "versions" can also be seen as a series in the original category of individual characteristics.

#assemblies #construction #fragment #version #technology #series #of #art

aDlab+
W Pavilion 3

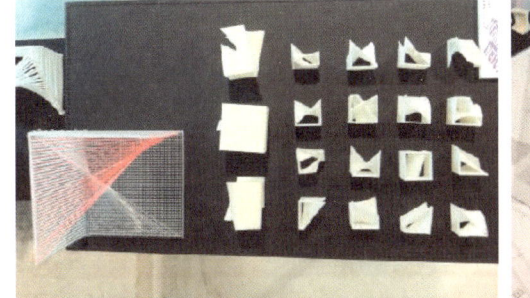
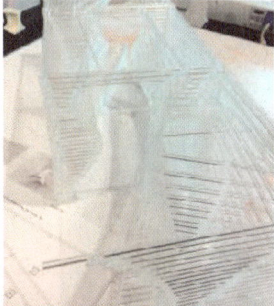

3D 프린터는 곡면형 조형에 대한 보다 정교한 재현 작업이 가능하게 한다. 설계자의 디자인 효율을 높이고 이미지를 즉각적으로 형태화한다. 3D printers enable more sophisticated reproduction of curved shapes. They increase design efficiency and instantly shape images.

#3d #printer #model #exhibition #new #technology #machine

aDlab+
W Pavilion 3

프로그래밍 된 알고리즘 자체가 건축 개념을 고려한 재현의 도구로써 디자인되었다.
The programmed algorithm itself was designed as a recreation tool for considering the architectural concept.

#kangdong_artcenter #pavilion #wood #algorithm #material #construction #we #love #aDLab #ourselves

aDlab+
W Pavilion 3

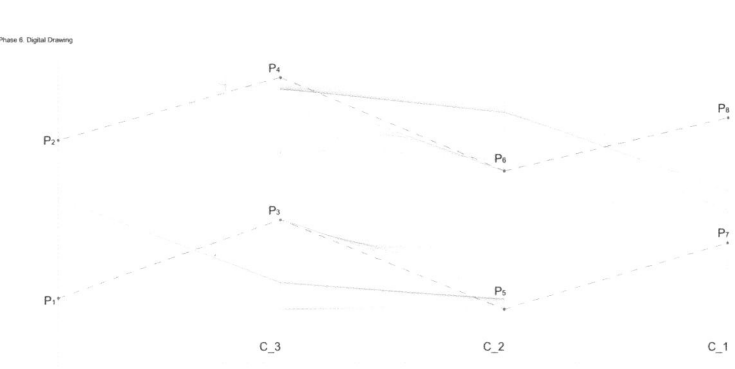

각각의 선들은 연속된 변화를 가지고 쌓아지며(Stacking) 알고리즘에 의해 입체적인 형태로 진화해간다. Each line is stacked with successive changes and has evolved into a three-dimensional form via an algorithm.

#digital #design #fragment #stacking #algorithm #shape #points #line #wave #sequences

aDlab+
W Pavilion 3

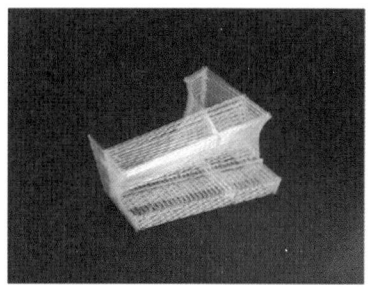
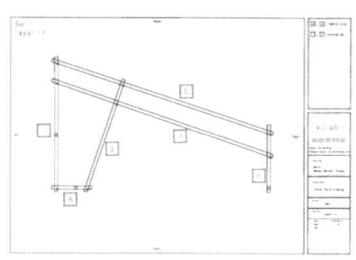
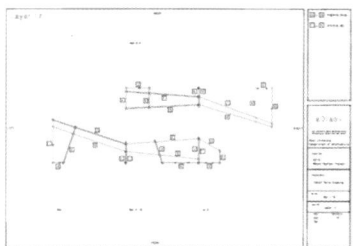
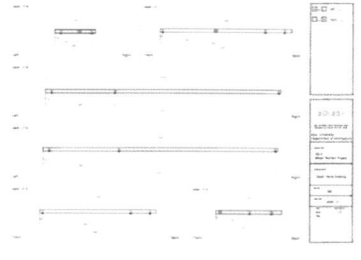

설계초기부터 효율적인 공정과 도면작업에 대한 고민이 필요하다. From the beginning of the design, an efficient process and drawing work are both needed.

#detail #drawing #construction #fragment #assembly #initial #headache #for #happy-ending

aDlab+
W Pavilion 3

01_disassemble model
step 1 : measurement wood size and cutting for fabrication

02_disassemble model
step 2 : measurement wood size and cutting for fabrication

03_on site
step 3 : measurement wood size and cutting for fabrication

04_re-build
step 4 : measurement wood size and cutting for fabrication

05_installation
step 5 : measurement wood size and cutting for fabrication

버저닝(Versioning)은 미적가치의 재현과 구축의 효율성을 통합하며 체계적인 정보 디자인이 라는 디지털 기술의 속성을 보여준다. Versioning incorporates the representation of aesthetic values and efficiency of construction, and shows the nature of digital technology as systematic information design.

#wood #construction #assembly #fragment #stacking #transportation #versioning

HG - Architecture
Solar Pine

과제: 건축디자인의 프로토타입화 / 산업생산형제품으로써의 건축 / 유연한 디자인과 대량맞춤형 생산 Assignment: Prototyping Architectural Design / Architecture as Manufacturing Product / Flexible Design and Mass Customization

#sola_panel #solar_shelter #prototyping #mass_production #posco # posco a&c

HG - Architecture
Solar Pine

시각적 왜곡과 자연의 기하학에 대한 초기 리서치 Preliminary Research on optical illusion and sunflower geometry

#geometry #idea #concept #nature #optical_illusion

HG - Architecture
Solar Pine

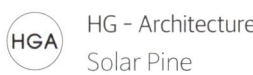

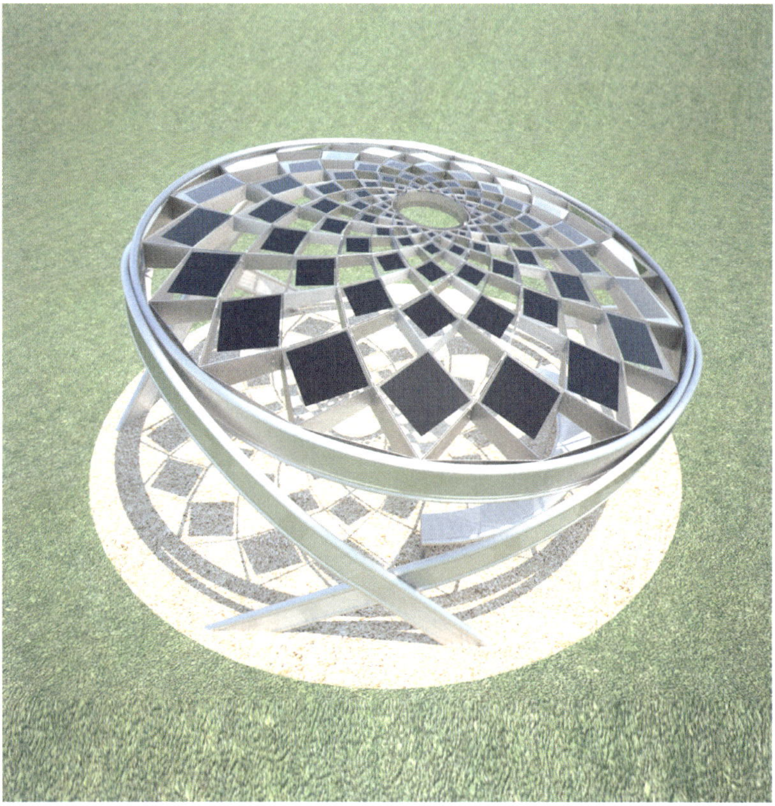

솔방울 패턴과 형태, 솔라파인으로 최종 결정! Pine cone pattern and shape, the 'Solar Pine' was finally de-cided!

#solar_pine #pattern #geometry #posco #posco_a&c

HG - Architecture
Solar Pine

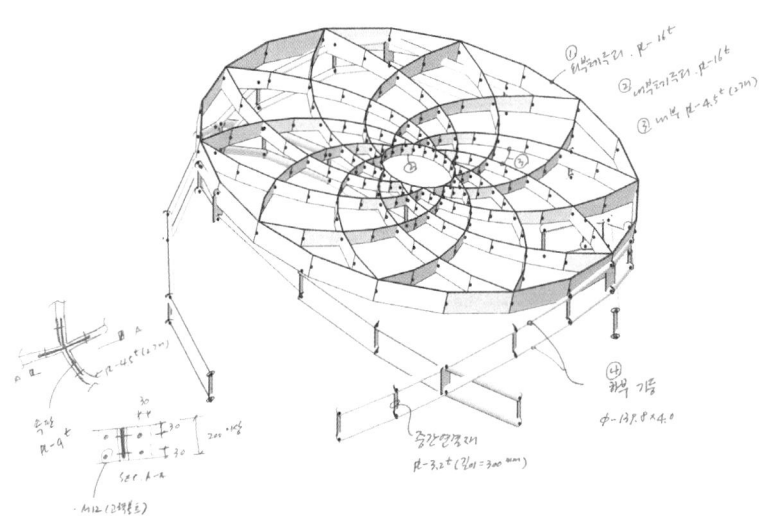

점과 선으로 해석된 구조해석; 경량구조물의 구조해석은 항상 쉽지 않다. Structural analysis that is transformed into point and line; Analysis of lightweight structures is always difficult.

#solar_pine #structure #analysis #thekujo

HG - Architecture
Solar Pine

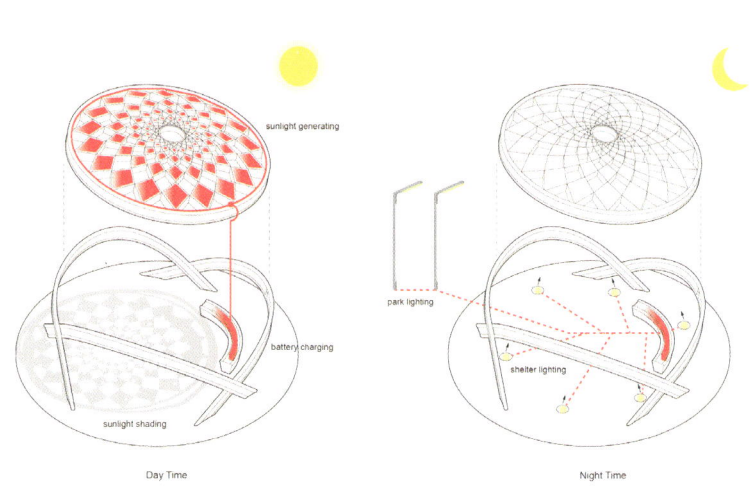

Day and Night Functions

낮에는 그늘 쉼터와 태양광 발전을, 밤에는 주변을 밝혀주는 솔라파인. Shade and photovoltaic power generation at day time, and electricity to illuminate the surrounding at night time.

#day_night #solar #photovoltaic #shade #electricity

HG - Architecture
Solar Pine

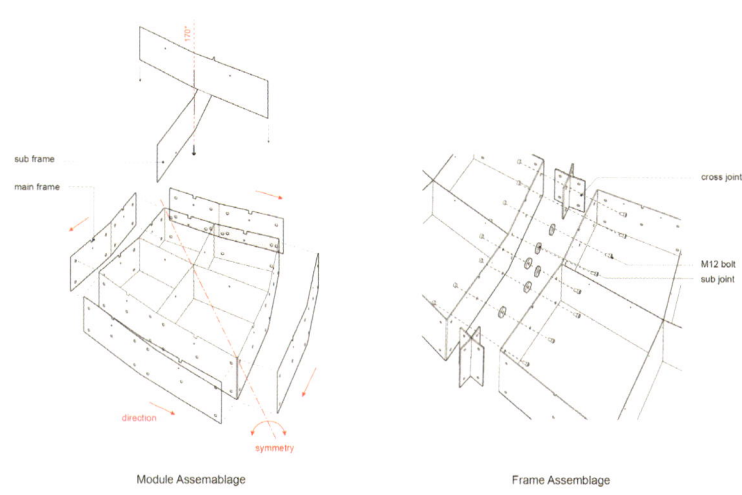

Module Assemablage   Frame Assemblage

모든 디테일은 대량생산을 위해 체계적으로 모듈화된다. Every detail is designed as a prefabricated module systematically for mass production.

#fabrication #module #detail #drawing #mass_production #assemblage

HG - Architecture
Solar Pine

전기배선을 위한 프레임사이 9mm 공간 / 4개의 모듈이 만나는 조인트. 9mm frame spacing for electric wiring / crossing joint with four modules in between.

#fabrication #mockup #joint #detail #mass_production #posco #posco a&c

HG - Architecture
Solar Pine

세 번의 목업; 실패로부터 배운다… Three full scale frame mockup: Learning from failures…

#fabrication #mockup #joint #detail #mass_production #assemblage #posco #posco a&c

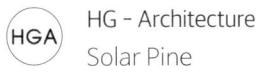

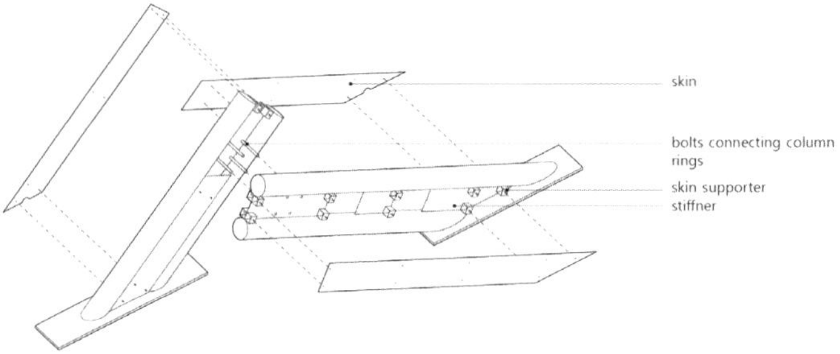

HG - Architecture
Solar Pine

Column Base Assemblage

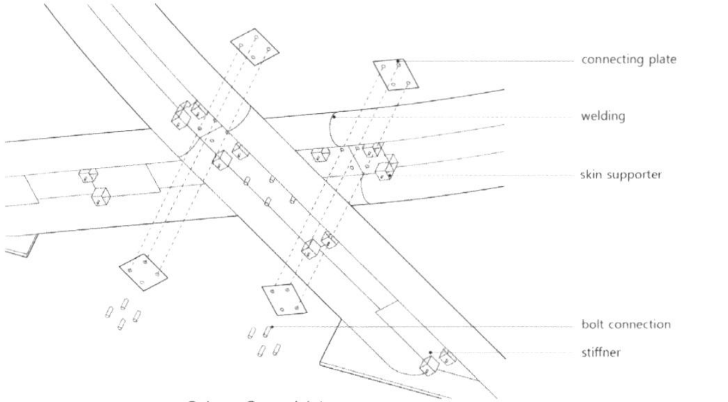

Column Cross Joint

용접과 수직부재 없이 구조물을 세우기는 쉽지 않다. It is Not easy to stand the structure without welding and vertical members.

#fabrication #column #detail #drawing #mass_production #assemblage

HG - Architecture
Solar Pine

현장에서 디자인에 맞추기는 더욱 더 쉽지 않다. It is not much easier to fit the design in the field!

#fabrication #joint #column #detail #assemblage #construction

HG - Architecture
Solar Pine

세우기도 어려운 기울어진 기둥이 상부의 구조물을 받칠 수 있을까? Can a tilted column, which is difficult to erect, support a tilted top structure?

#joint #column #assemblage #construction #posco #posco a&c

HG - Architecture
Solar Pine

현장에서의 상부모듈 조립, 각 모듈은 예상했던 것보다 조립하기에 상당히 무겁고 크다. On-site assembly of the upper modules, each module was too heavier and larger than expected.

#joint #frame #assemblage #construction #posmac #posco #poscoa&c

HG - Architecture
Solar Pine

기울어진 기둥에 내려앉기 위해 하늘로 날아오른 유에프오; 정말 날아갈 듯! UFO finally flying to the sky to get on the tiled columns; it seems to fly away!

#fabrication #joint #frame #detail #assemblage #construction #posco #poscoa&c

HG - Architecture
Solar Pine

세 지점에서 결합되어 하나가 되는 그 순간은 감격과 감동! Three points are assembled and become one, and moment of impression that all are excited!

#fabrication #joint #frame #detail #assemblage #construction #posco #poscoa&c

HG - Architecture
Solar Pine

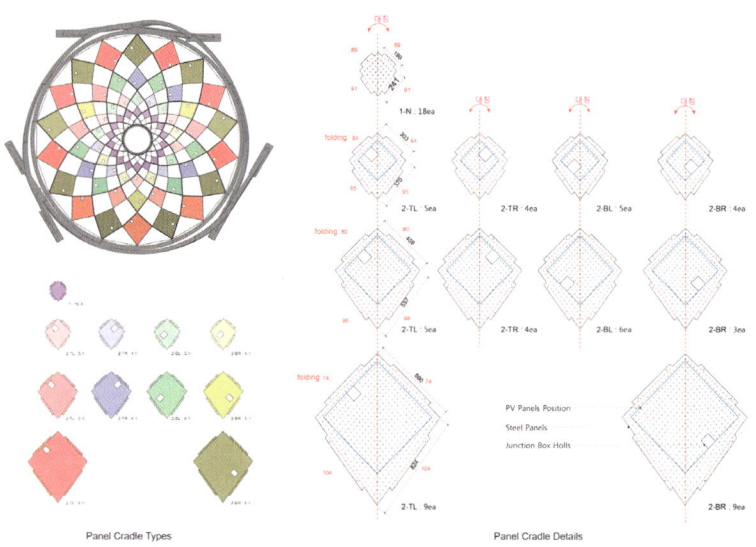

Panel Cradle Types   Panel Cradle Details

태양광 거치패널의 유형과 배치는 의도치않은 꽃잎패턴 디자인 Type and arrangement of the solar module perforated panels unintentionally become colorful petals.

#fabrication #module # detail #drawing #mass_production #assemblage #solar_panel

HG - Architecture
Solar Pine

의도하는 바와 정확히 일치하도록 만드는 디자인과 협업! Installation coordinated and designed to fit exactly where we intended it. This is digital collaboration!

#fabrication #module #mass_production #assemblage #solar_panel #electricity

HGA

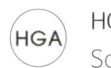

HG - Architecture

Solar Pine

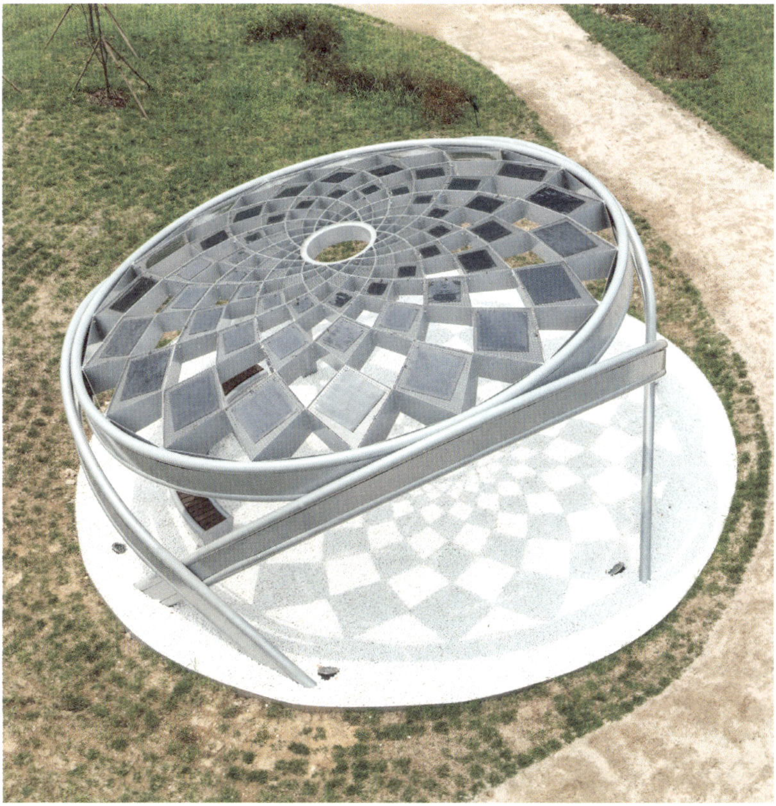

완성! 인천 청라에 준공된 솔라파인 ver1.0! Completed! Solar Pine ver1.0 at Chungra, Incheon!

#solar_pine_ver_1 #신경섭 #경섭신 #kyungsubshin

HGA

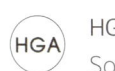

HG - Architecture

Solar Pine

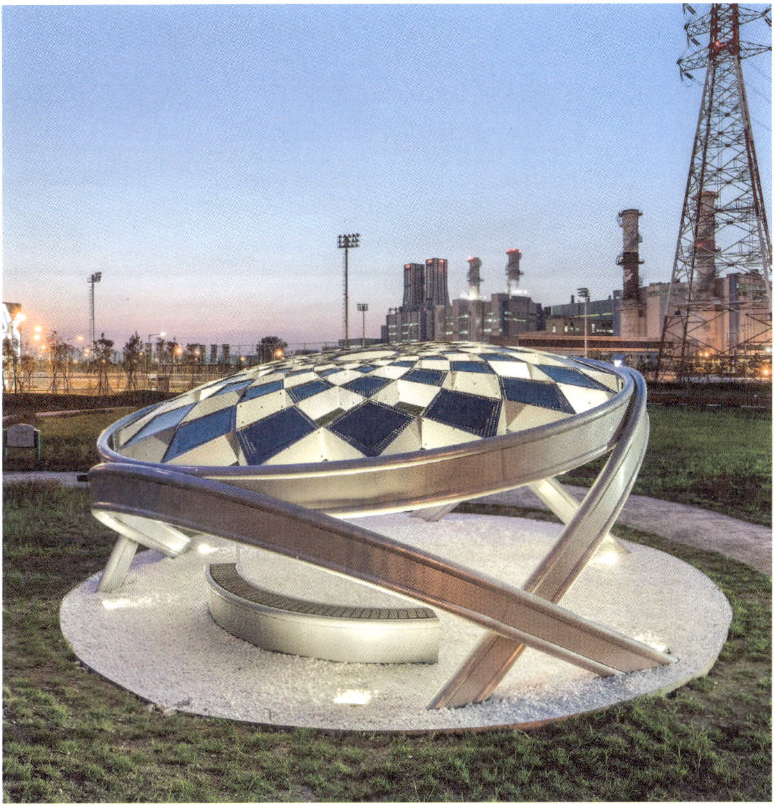

완성! 인천 청라에 준공된 솔라파인 ver1.0! Completed! Solar Pine ver1.0 at Chungra, Incheon!

#solar_pine_ver_1 #신경섭 #경섭신 #kyungsubshin

HGA

HG - Architecture

Solar Pine

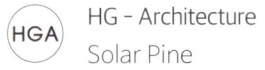

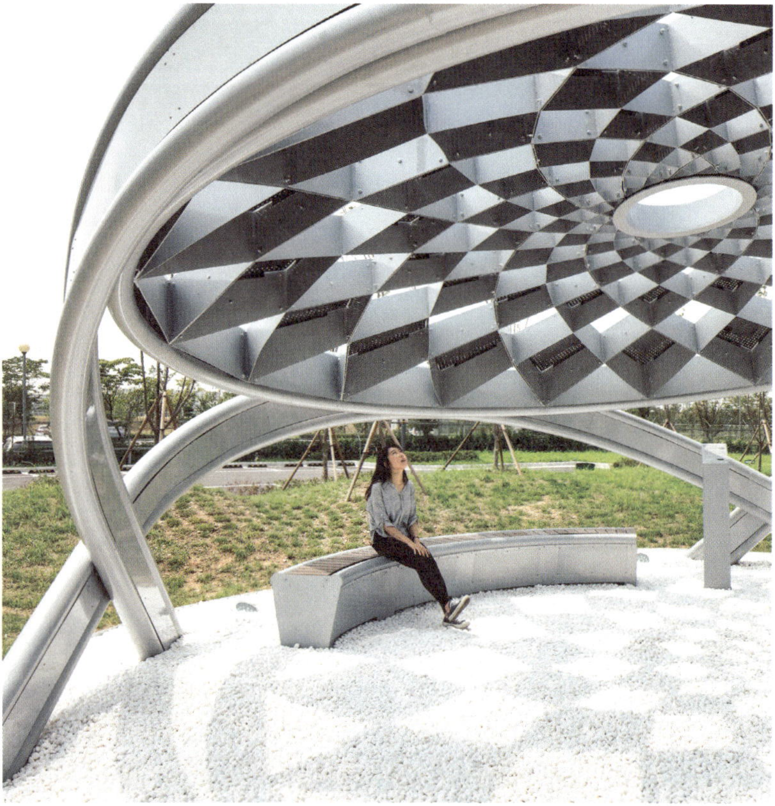

완성! 인천 청라에 준공된 솔라파인 ver1.0! Completed! Solar Pine ver1.0 at Chungra, Incheon!

#solar_pine_ver_1 #신경섭 #경섭신 #kyungsubshin

HGA

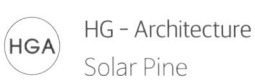

HG - Architecture

Solar Pine

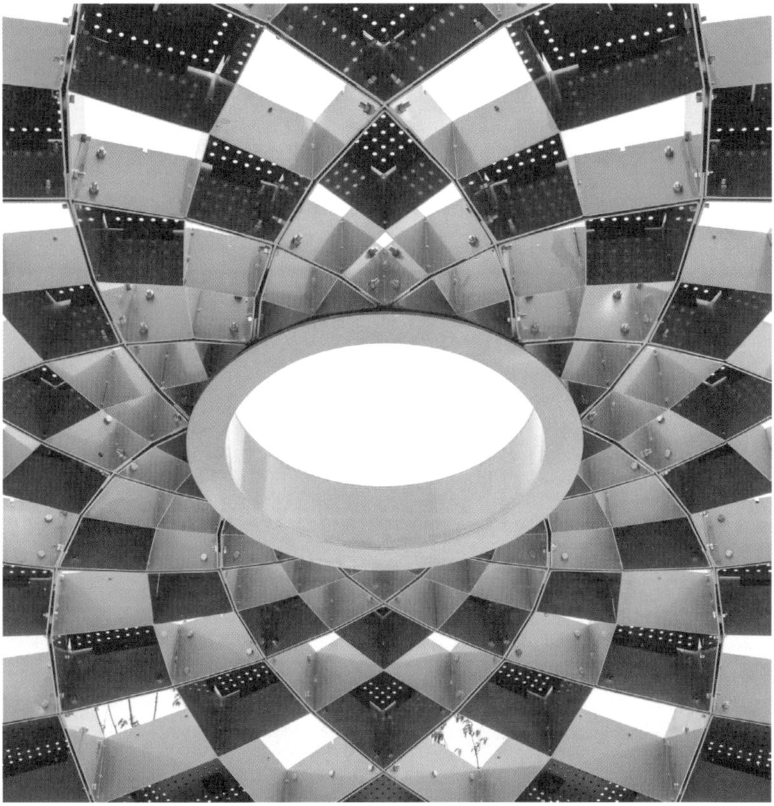

완성! 인천 청라에 준공된 솔라파인 ver1.0! Completed! Solar Pine ver1.0 at Chungra, Incheon!

#solar_pine_ver_1 #신경섭 #경섭신 #kyungsubshin

HG - Architecture
Solar Pine

완성! 인천 청라에 준공된 솔라파인 ver1.0! Completed! Solar Pine ver1.0 at Chungra, Incheon!

#solar_pine_ver_1 #신경섭 #경섭신 #kyungsubshin

HG - Architecture
Solar Pine

솔라파인 ver2.0의 출시임박; 새로운 업데이트와 함께 돌아온 솔라파인; 9월 에너지드림센터에서 9월 오픈! Development of Solar Pine ver2.0; New upgrade Solar Pine model coming soon! Opening at Energy Dream Center in September 2018!

#solar_pine_ver_2 #upgrade #energy_dream_center #posco #posco_a&c

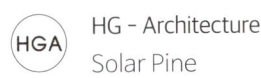

HG - Architecture
Solar Pine

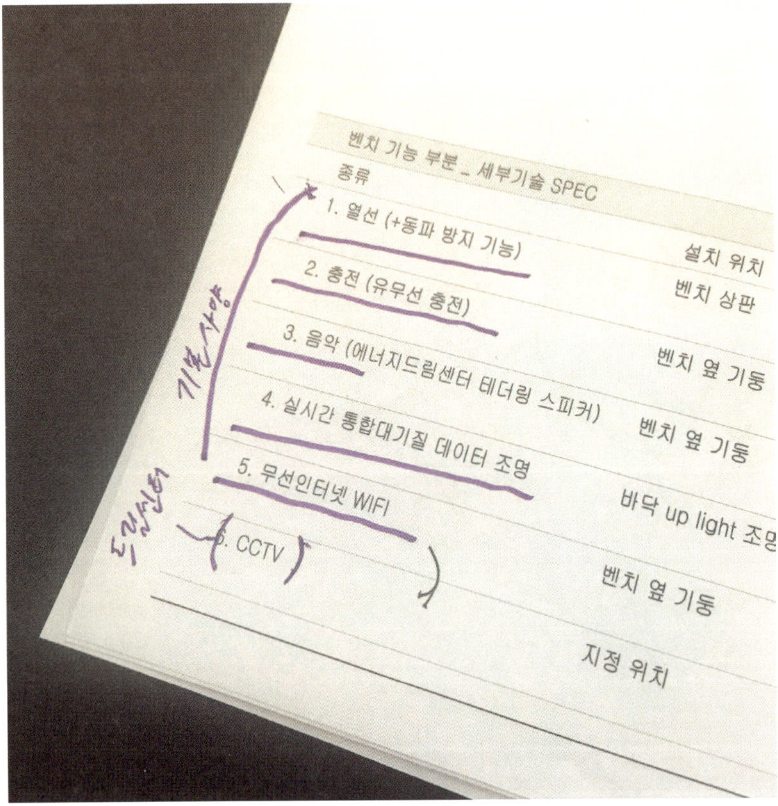

솔라파인 ver2.0의 업그레이드 개발; 열선벤치, 유무선충전, 테더링스피커, 실시간 대기질 데이터조명, 무선인터넷, cctv…등 Developing Upgrade Functions to Solar Pine ver2.0: Heat Line Bench, wired/wireless charging, tethering speaker, real-time integrated air quality data lighting, wi-fi, cctv… etc

#solar_pine_ver_2 #upgrade #posco #posco_a&c

HG - Architecture
Solar Pine

공장에서 전체구조물 목업설치. 이건 단지 목업일 뿐! Construction of whole structure as a mockup at factory. This is just a piece of mockup!

#fabrication #solar_pine_ver_2 #upgrade #steel #mock-up #posco #posco_a&c #infeso

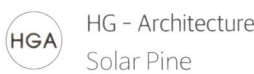

HG - Architecture
Solar Pine

경량프레임, 자동절곡기술, 마침내 자동양산 및 상품화에 도달. Light weight frame, automatic bending technology, automated production and commercialization finally.

#fabrication #solar_pine_ver_2 #upgrade #steel #mock-up #posco #posco_a&c #infeso

HG - Architecture
Solar Pine

슬림화된 기둥, 분절없는 기둥, 완벽한 조립체 금속구조물! Slim columns, Seamless columns, Fully assemblable steel products!

#fabrication #solar_pine_ver_2 #upgrade #steel #mock-up #posco #posco_a&c #infeso

HG - Architecture
Dynamic Relaxation

위상기하학의 응용이 만들어낸 새롭고 낯선 공간과 형태. The application of topological geometry creates a novel space and form.

#geometry #trefoil knot #dynamic_relaxation #soma_museum #olympic park

HG - Architecture
Dynamic Relaxation

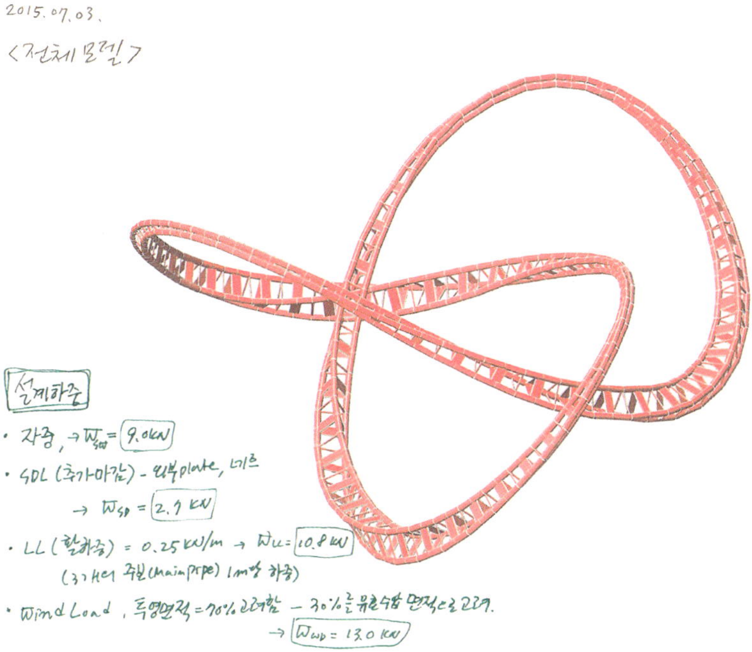

2015.07.03.
<전체모델>

[설계하중]
- 자중, → $\overline{W_{자중}} = 9.0 kN$
- SDL (추가하중) - 외부plate, 네트
  → $\overline{W_{SD}} = 2.7 kN$
- LL (활하중) = 0.25 kN/m → $\overline{W_{LL}} = 10.8 kN$
  (3개의 주보(main pipe) 1m당 하중)
- Wind Load, 투영면적 = 70% 고려함. - 30%는 유효한 면적으로 고려.
  → $\overline{W_{wp}} = 13.0 kN$

그러나, 그 구조는 너무 복잡하다. 이를 만들기는 더 더욱 복잡하다. 너무나 많은 부재, 너무나 과한 구조! However, its structure is too difficult. Making it even more difficult. Too many members, too many structures!

#structure #trefoil_knot #dynamic_relaxation #the_kujo

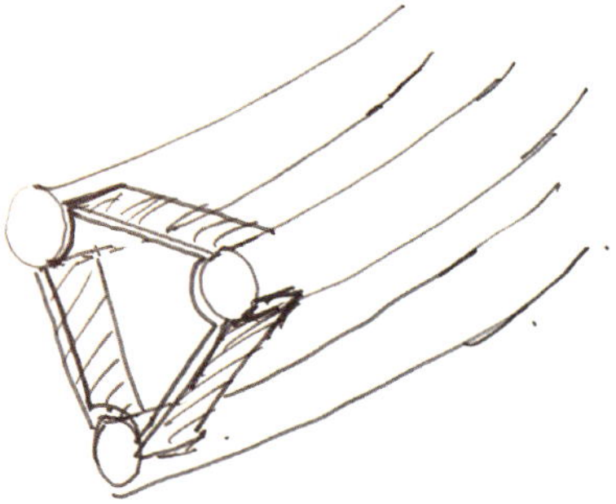

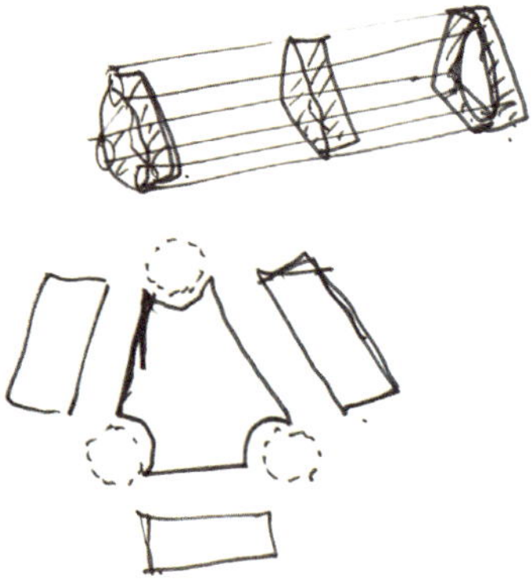

HG - Architecture
Dynamic Relaxation

제작 가능한 모듈을 찾아라, 만들 수 있는 구조체와 가장 조립하기 효율적인 방식을 찾아야한다! Find the modules you can build, the structures you can build, and the most efficient ways to assemble them!

#geometry #module #idea #trefoil knot #dynamic_relaxation

HG - Architecture
Dynamic Relaxation

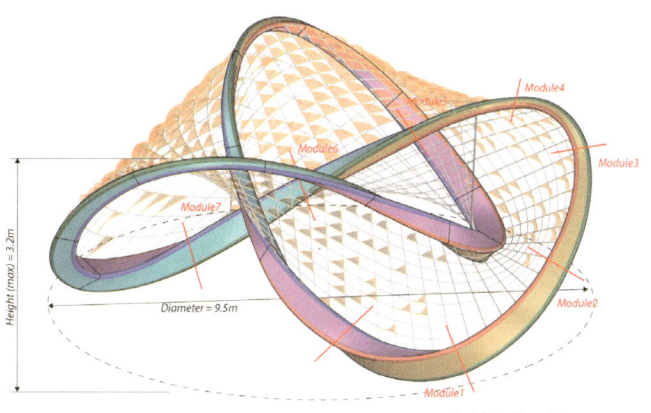

Trafoil Knot Frame Dsign
- 7 types, total 21 assamblage module frames
- continuous triangular sections w/ 3 Möbius Strip surfaces
- free-standing structure touching w/ 3 base points on ground

7개의 모듈이 3번 반복되는 최적화된 트레포일넛 구조체. Optimized trefoil knot structure created by seven assembly modules that are repeated three times

#geometry #module #idea #trefoil knot #dynamic_relaxation

HG - Architecture
Dynamic Relaxation

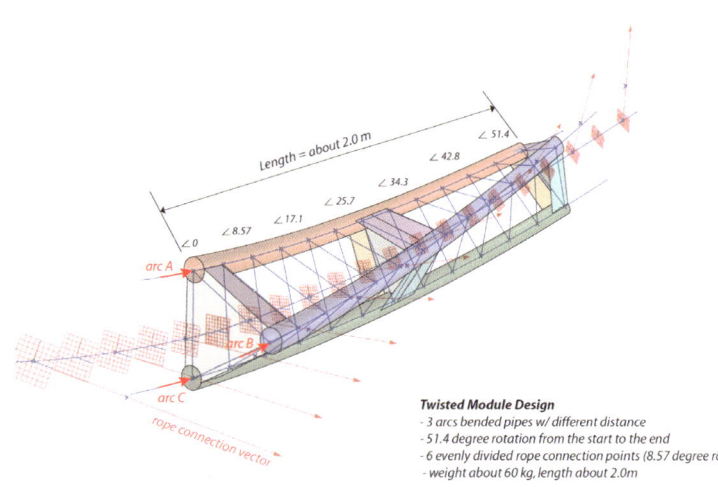

Twisted Module Design
- 3 arcs bended pipes w/ different distance
- 51.4 degree rotation from the start to the end
- 6 evenly divided rope connection points (8.57 degree rotation)
- weight about 60 kg, length about 2.0m

각 모듈은 정삼각형 단면을 이루는 세 개의 아크로 구성, 모듈의 시작과 끝은 정확히 51.4도의 회전. 디자인 특허 취득! Each module has three arc configuration forming an equilateral triangular cross-section, end at the start of the module to rotate 51.4 degree. This is patented!

#geometry #module #idea #trefoil_knot #dynamic_relaxation

HG - Architecture
Dynamic Relaxation

Twisted Module Fabrication

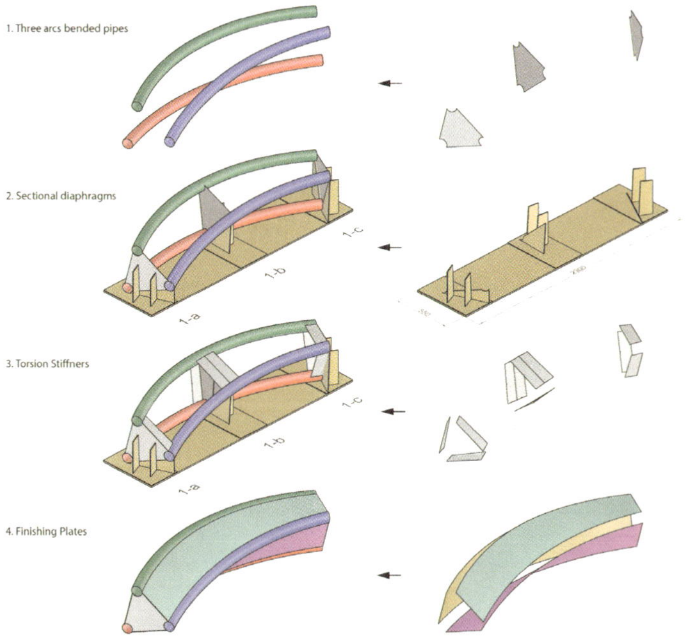

1. Three arcs bended pipes
2. Sectional diaphragms
3. Torsion Stiffners
4. Finishing Plates

그러나 이를 어떻게 만들것인가? 3차원 상의 공기 중 부재를 조립할 방법은 없다. 자 그럼, 이를 위한 프레임을 만들어보자. But how could you make it? There is no way to assemble three-dimensional members on the air. Okay, let's make a frame for this.

#fabrication #module #idea #trefoil_knot #dynamic_relaxation

HG - Architecture
Dynamic Relaxation

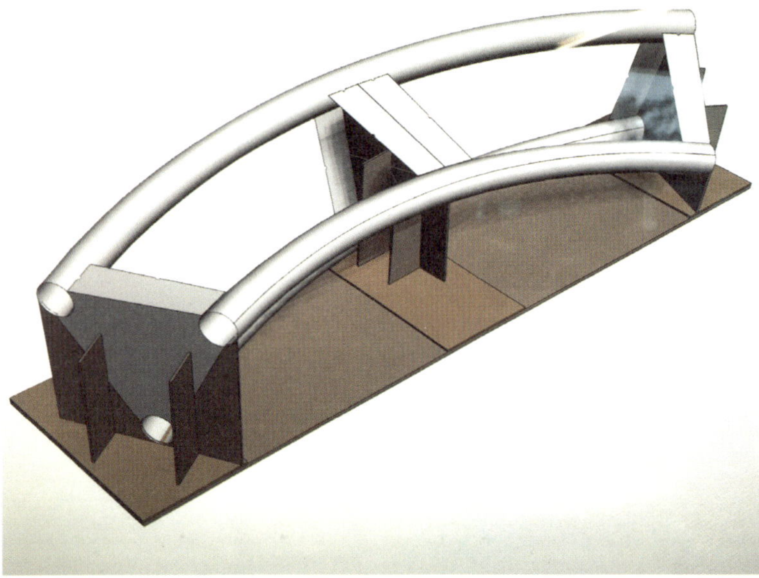

디지털 공간상에서는 가능해보인다. 실수 없이 정확히 만들 수만 있다면... It seems possible in digital space. If you can make it accurately without error ...

#fabrication #module #idea #trefoil_knot #dynamic_relaxation

HG - Architecture
Dynamic Relaxation

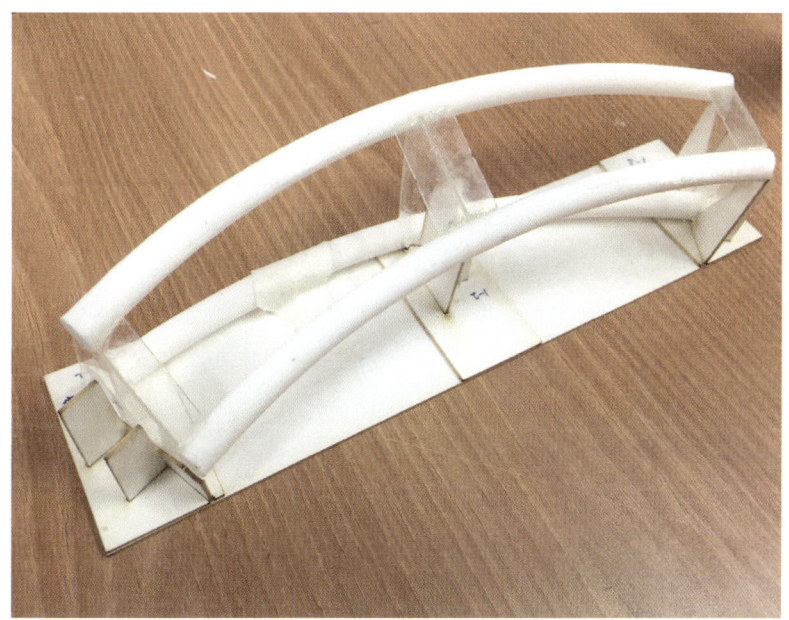

어떻게 될지 모르니, 일단 3D 프린팅 목업을 만들어보자. 작동한다! But just in case, let's make a mock-up with 3d printing first. It works!

#fabrication #module #idea #trefoil_knot #dynamic_relaxation

HG - Architecture
Dynamic Relaxation

각 모듈 제작을 위한 7개의 목제 프레임, 레이저커터와 CNC라우터를 활용한 직접 제작. Seven wooden frames for module production, self-production using laser cutter and CNC router.

#fabrication #module #idea #trefoil_knot #dynamic_relaxation

HG - Architecture
Dynamic Relaxation

모듈 생산 시작! 목업과 똑같이 완벽히 만들어진다! Start building modules! It works just like a mock-up!

#fabrication #module #idea #trefoil_knot #dynamic_relaxation

HG - Architecture
Dynamic Relaxation

모듈 이어붙이기... 마침내 드러나는 3차원 트위스트 커브 프레임. Attaching modules... Finally revealing 3D twisted curved frame.

#fabrication #trefoil_knot #dynamic_relaxation

HG - Architecture
Dynamic Relaxation

세 지점의 기초, 기초심기는 반드시 정확한 위치에 심어져야 한다. Three points Foundation, Foundation should be planted in the precisely correct location.

#fabrication #trefoil_knot #dynamic_relaxation

HG – Architecture
Dynamic Relaxation

현장조립은 짧을수록 좋다! The shorter field construction, the better!

#construction #soma_museum #olympic_park #trefoil_knot #dynamic_relaxation

HG - Architecture
Dynamic Relaxation

완성된 3차원 골격, 이제 채우는 것만 남았다. The finished three-dimensional skeleton, now you can fill it.

#construction #soma_museum #olympic_park #trefoil_knot #dynamic_relaxation

HG - Architecture
Dynamic Relaxation

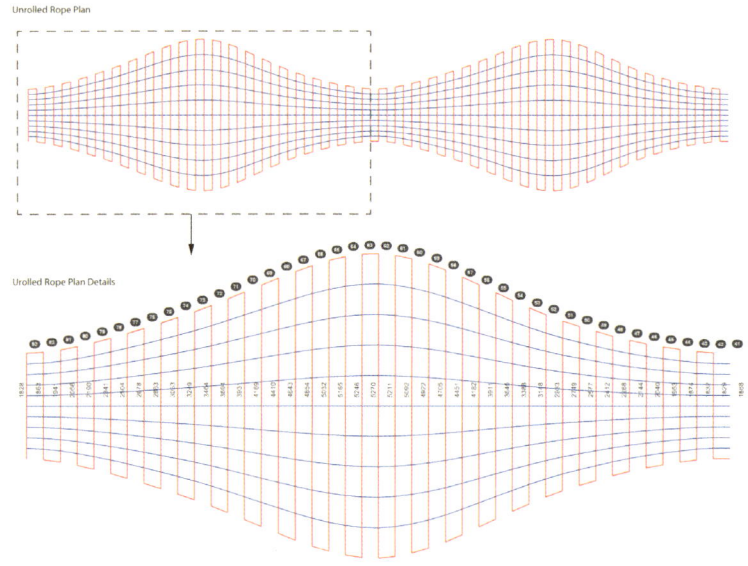

기하학적 발견: 트레포일넛을 채우는 면은 두 사인 커브의 사이가 만들어지는 면으로 해석된다. Geometric Discovery: The surface filling the trefoil knot is interpreted as the surface between the two sine curves.

#geometry #module #idea #trefoil_knot #dynamic_relaxation

HG - Architecture
Dynamic Relaxation

아이들이 올라탈 수 있는 강한 로프와 절대 밀리지 않는 조인트, 그리고 중요한 마지막 하나는 디자인! A strong rope that children can ride on, a never-jammed joint, and an important last thing is design!

#fabrication #rope #joint #mock-up #module #idea #trefoil_knot #dynamic_relaxation

HG - Architecture
Dynamic Relaxation

한 땀 한 땀 엮어 매는 로프시공. 어떤 면에서는 로프가 스틸보다 더 어렵다. Stitching with a rope one by one. Rope is more difficult than steel.

#construction #rope #joint #trefoil_knot #dynamic_relaxation

HG - Architecture
Dynamic Relaxation

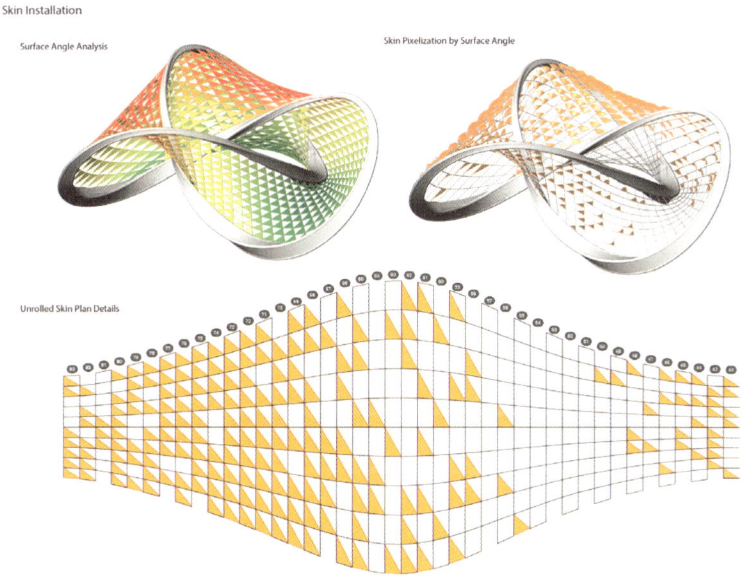

아이들이 밟는 구역과 안 밟는 구역을 구분하기 위해 면 경사도 분석을 이용, 이로 인해 만들어진 그늘 스킨. Shade skins generated by the inclination of the surface to distinguish between children's treads and not treads.

#fabrication #geometry #skin #module #trefoil_knot #dynamic_relaxation

HG - Architecture
Dynamic Relaxation

완성! 주변의 어느 각도에서 봐도 다른 모습의 공간 구조체! Completed! A space structure showing different shapes from every viewpoint around it!

#dynamic_relaxation #신경섭 #경섭신 #kyungshubshin

HG - Architecture
Dynamic Relaxation

완성! 주변의 어느 각도에서 봐도 다른 모습의 공간 구조체! Completed! A space structure showing different shapes from every viewpoint around it!

#dynamic_relaxation #신경섭 #경섭신 #kyungshubshin

HG - Architecture
Dynamic Relaxation

완성! 주변의 어느 각도에서 봐도 다른 모습의 공간 구조체! Completed! A space structure showing different shapes from every viewpoint around it!

#dynamic_relaxation #신경섭 #경섭신 #kyungshubshin

HG - Architecture
Dynamic Relaxation

완성! 주변의 어느 각도에서 봐도 다른 모습의 공간 구조체! Completed! A space structure showing different shapes from every viewpoint around it!

#dynamic_relaxation #신경섭 #경섭신 #kyungshubshin

HG - Architecture
Dynamic Relaxation

완성! 주변의 어느 각도에서 봐도 다른 모습의 공간 구조체! Completed! A space structure showing different shapes from every viewpoint around it!

#dynamic_relaxation #신경섭 #경섭신 #kyungshubshin

HG - Architecture
Dynamic Relaxation

오프닝 이후 예측불허의 상황! 이건 예상을 벗어난… 조형물일까? 놀이터일까? 놀이기구일까? 뭐 중요치 않다, 아이들이 그저 너무 좋아한다. Unexpected situation after opening! This is not that we expect… Art piece? Playground? Ride? Not important. Kids just love it.

#kids #opening #completion #trefoil_knot #dynamic_relaxation

HG - Architecture
Dynamic Relaxation

이 아름다운 기하 구조체는 한 번 쓰고 버리기 너무 아깝다. 구조체는 팔렸고, 광주비엔날레에 재설치된다. 이걸로 무엇을 다시 만들 수 있을까? This beautiful geometry is too nice to be used once. A structure that is sold and reinstalled at the Gwangju Biennale. What do you want to make with this?

#post_exhibition #reuse #gwangju_biennale #trefoil_knot #infinite_elements

HG - Architecture
Dynamic Relaxation

미디어아트! 완벽하게 새로운 작품(Infinite Elements)으로 재탄생. Media Art! Transformed into a completely new work (Infinite Elements).

#media_art #gwangju_biennale #trefoil_knot #infinite_elements #shin,sukyoung

HG - Architecture
Smart Module

Smart Module System

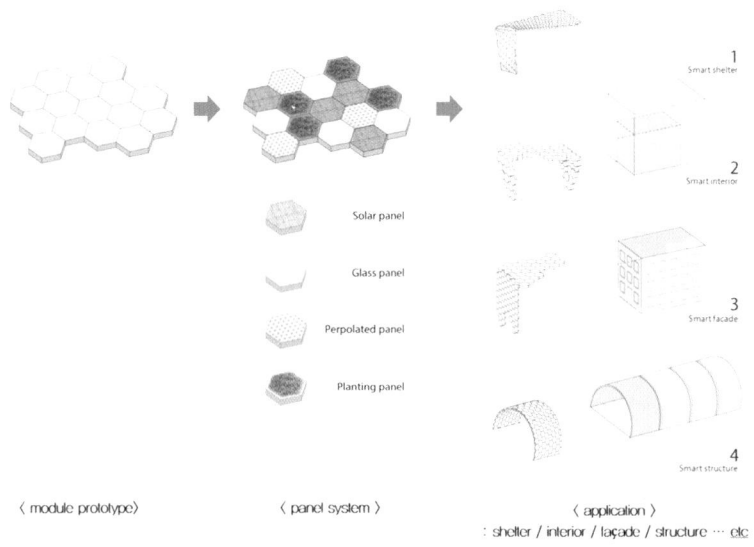

⟨ module prototype ⟩   ⟨ panel system ⟩   ⟨ application ⟩
: shelter / interior / façade / structure ⋯ etc

어디에나 적용가능한 모듈이 가능할까? 스마트 모듈? 예측 불가능한 프로젝트의 새로운 시작. Can modules be applied wherever they are? Smart Module? New start of unpredictable project.

#idea #concept #smart_module #steel #solar #posco

HG - Architecture
Smart Module

모듈, 기하학, 패턴에 관한 리서치; 이 세상에 가능한 모든 경우의 모듈을 찾아보자. Research on modules, geometry and patterns; Let's try all possible modules in the world.

#study #pattern #geometry #module #smart_module #steel #solar #posco

HG - Architecture
Smart Module

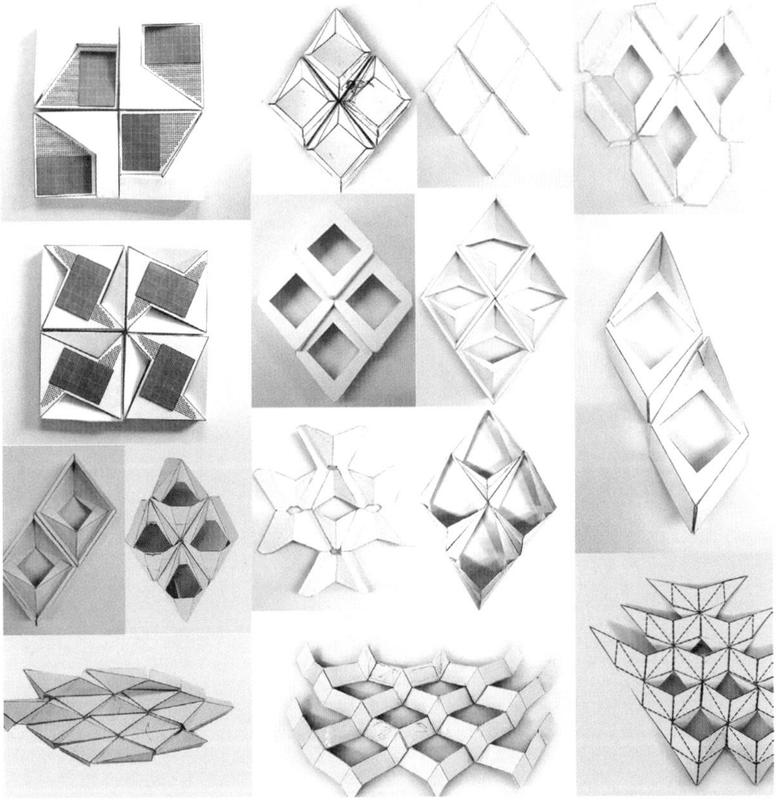

종이로 만들 수 있는 모든 것은 스틸로 만들어질 수 있다! Anything that can be made of paper can be made of steel!

#study #pattern #geometry #module #paper #steel #smart_module #steel #solar #posco

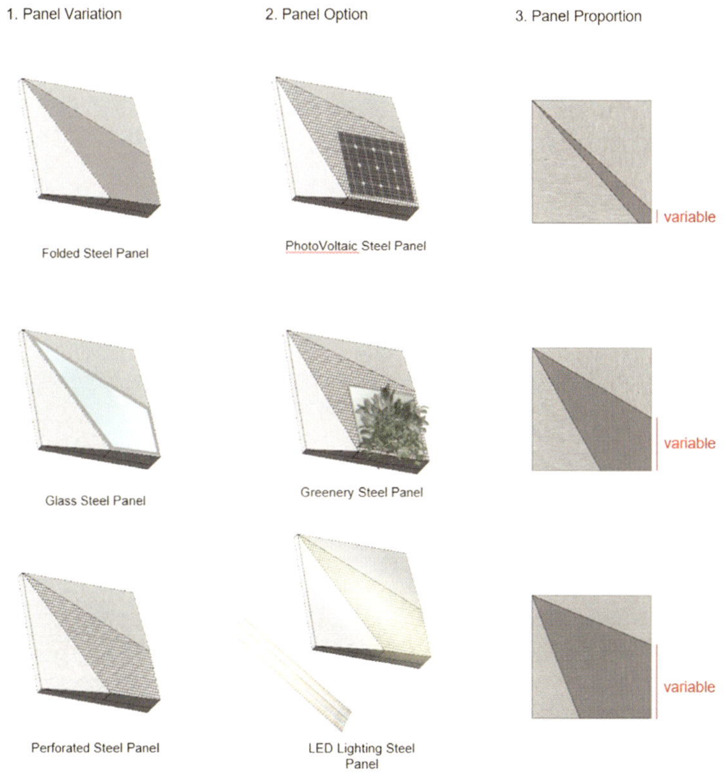

HG - Architecture
Smart Module

1. Panel Variation
   - Folded Steel Panel
   - Glass Steel Panel
   - Perforated Steel Panel

2. Panel Option
   - PhotoVoltaic Steel Panel
   - Greenery Steel Panel
   - LED Lighting Steel Panel

3. Panel Proportion
   - variable
   - variable
   - variable

이는 다양한 기능과 재료를 담을 수 있어야 한다; 태양광, 녹지, 조명, 유리, 타공판.. 등. It should be able to contain various functions and materials; Solar, Green, Lighting, Glass, Perforated ... etc.

#study #function #module #variation #steel #smart_module #steel #solar #posco

HG - Architecture
Smart Module

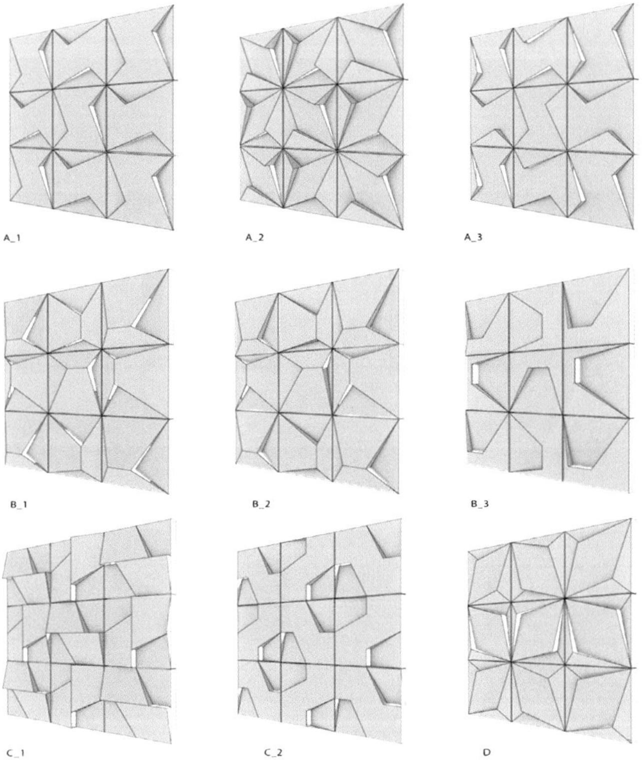

A_1   A_2   A_3

B_1   B_2   B_3

C_1   C_2   D

최종방향: 방향성 없는 모듈, 정방형 형태, 패턴의 다양성을 만들어낼 수 있는 하나의 모듈. Final direction: Non-directional module, square shape, one module creating a variety of patterns.

#study #pattern #geometry #module #steel #smart_module #steel #solar #posco

HG - Architecture
Smart Module

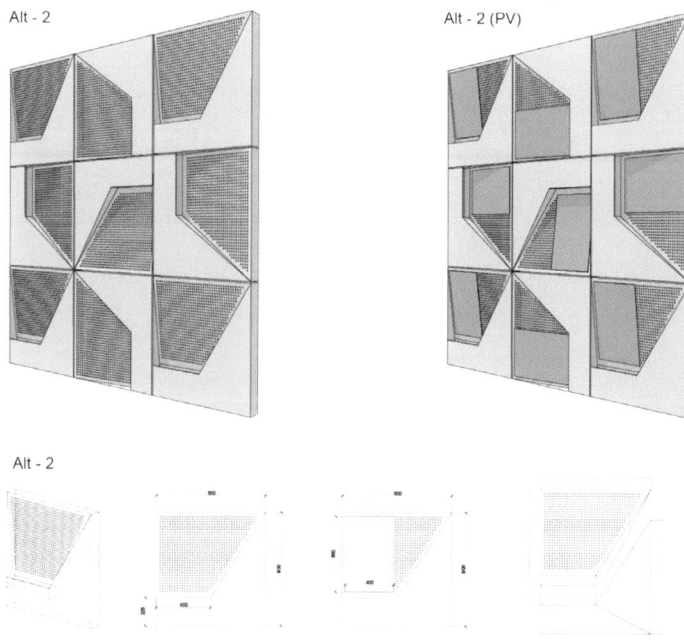

최종 모듈 프로토타입: 어느 방향으로나 응용 가능한, 태양광패널과 간접조명을 갖춘 정사각형 모듈. Final module prototype: non-directional square module with solar panel and indirect light

#pattern #geometry #module #steel #smart_module #steel #solar #posco

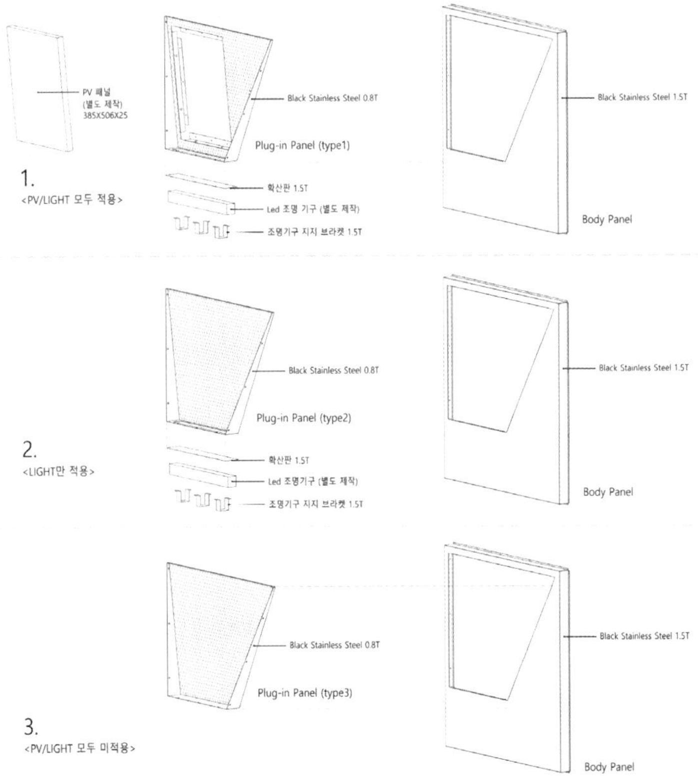

HG - Architecture
Smart Module

1.
<PV/LIGHT 모두 적용>

- PV 패널 (별도 제작) 385X506X25
- Black Stainless Steel 0.8T
- Plug-in Panel (type1)
- 확산판 1.5T
- Led 조명기구 (별도 제작)
- 조명기구 지지 브라켓 1.5T
- Black Stainless Steel 1.5T
- Body Panel

2.
<LIGHT만 적용>

- Black Stainless Steel 0.8T
- Plug-in Panel (type2)
- 확산판 1.5T
- Led 조명기구 (별도 제작)
- 조명기구 지지 브라켓 1.5T
- Black Stainless Steel 1.5T
- Body Panel

3.
<PV/LIGHT 모두 미적용>

- Black Stainless Steel 0.8T
- Plug-in Panel (type3)
- Black Stainless Steel 1.5T
- Body Panel

3가지 다른 유형의 플러그인 시스템을 갖춘 스마트 모듈의 제작 디테일. Fabrication Details of Three different types of smart module plug-in system.

#detail #geometry #module #steel #smart_module #steel #solar #posco

HG - Architecture
Smart Module

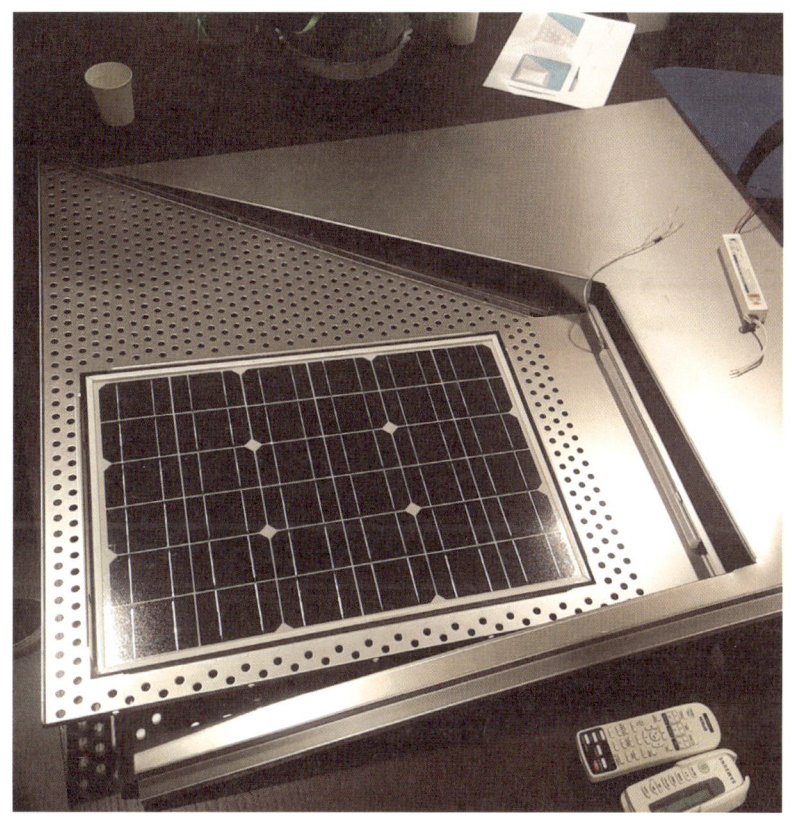

풀 스케일 목업은 항상 흥미진진하다! Full scale Mock-up is always interesting!

#detail #fabrication #module #steel #smart_module #steel #solar #posco #infeso

HGA HG - Architecture
Smart Module

아름다운 디테일을 위해 첨단기술을 활용한 수많은 테스트와 실험들. Many many test and experiments for beautiful details with the cutting-edge steel technology.

#detail #fabrication #module #steel #smart_module #steel #solar #posco #infeso

HG - Architecture
Smart Module

서포터를 통한 3x3 벽 목업테스트. 3x3 wall mock-up test with a supporter

#detail #fabrication #module #square #steel #smart_module #steel #solar #posco #infeso

HG - Architecture
Smart Module

최종재료로 블랙 스테인리스 스틸 선정; 검정색인 태양광패널과 잘 어울리고, 보다 우아하고 세련된 느낌의 재료. Finalized material as a black stainless steel; more elegant and more ambiguous material working well with the black solar panel

#materials #fabricatio #steel #smart_module #black_stainless #solar #posco #infeso #micro-powerstation

HG - Architecture
Smart Module

'포항공대 78계단 엘리베이터타워 파사드'에 적용되는 스마트 모듈 Smart modules applied to 'postec 78stairs elevator tower facade'

#postec_78stairs #steel #smart_module #black_stain-less #posco #posco_a&c

HG - Architecture
Smart Module

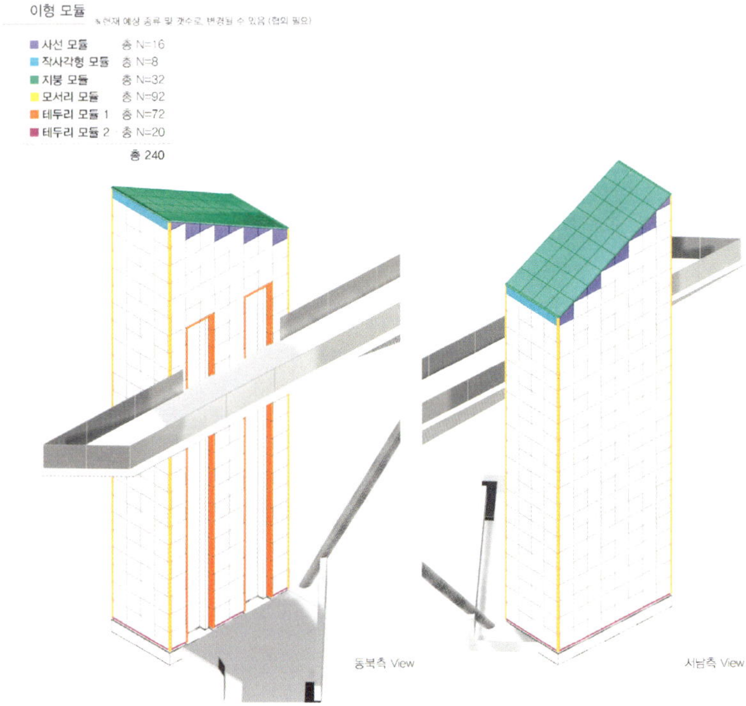

이형 모듈

- 사선 모듈   총 N=16
- 직사각형 모듈 총 N=8
- 지붕 모듈   총 N=32
- 모서리 모듈   총 N=92
- 테두리 모듈 1 총 N=72
- 테두리 모듈 2 총 N=20

총 240

동북측 View   서남측 View

'포항공대 78계단 엘리베이터타워 파사드'에 적용되는 스마트 모듈: 이형모듈 디자인. Smart modules applied to 'postec 78 stairs elevator tower facade': Design of atypical modules

#detail #fabriaction #module #steel #smart_module #black_stain-less #posco #posco_a&c

HG - Architecture
Smart Module

'포항공대 78계단 엘리베이터타워 파사드'에 적용되는 스마트 모듈: 모든 경우의 수를 포함한 목업테스트 완료! 개봉박두! Smart modules applied to 'postec 78 stairs elevator tower facade': Completion of mockup test including all possible case! Coming soon!

#mockup #fabrication #module #steel #smart_module #solar #posco #posco_a&c #infeso

HG – Architecture
Smart Module

'제주 vine845 상징조형물'에 적용되는 스마트 모듈: vine845 타운하우스에 적용되는 작은 태양광쉼터 디자인. Smart modules applied to 'vine845 landmark shelter' at Jeju.: Design of small photovoltaic shelter at vine845.

#rendering #module #square #steel #smart_module #solar #jeju #vine845

HG - Architecture
Smart Module

'제주 vine845 상징조형물'에 적용되는 스마트 모듈: 운송 전 공장 가조립. 개방박두!
Smart modules applied to 'vine845 landmark shelter' at Jeju.: Trial Shop Assembly before shipping. Coming soon!

#mockup #module #fabrication #steel #smart_module #solar #jeju #vine845 #infeso

HG - Architecture
Smart Module

'제주 vine845 상징조형물'에 적용되는 스마트 모듈: 현재 설치 진행 중! Smart modules applied to 'vine845 landmark shelter' at Jeju : under construction!

#smart_module #square #steel #solar #jeju #vine845

HG - Architecture
Smart Module

상품화된 스마트 모듈의 지속적인 프로젝트 적용 : 제주의 또 다른 쉼터에 적용될 예정인 스마트 모듈, 조만간 설치 예정! Continuous project application of commercialized smart module : planned to be applied to the another shelter at Jeju, comming soon!

#smart_module #commercialization #product #square #steel #solar #jeju

조호건축
Endless Triangle

아이디어의 시작. 수수깡을 이용한 모델 스터디. 단면마다 다른 색을 띤다. The idea has begun. Model study with Sorghum straw. It shows different color per section.

#sorghum_straw #model_study #colorful #8nodes

조호건축
Endless Triangle

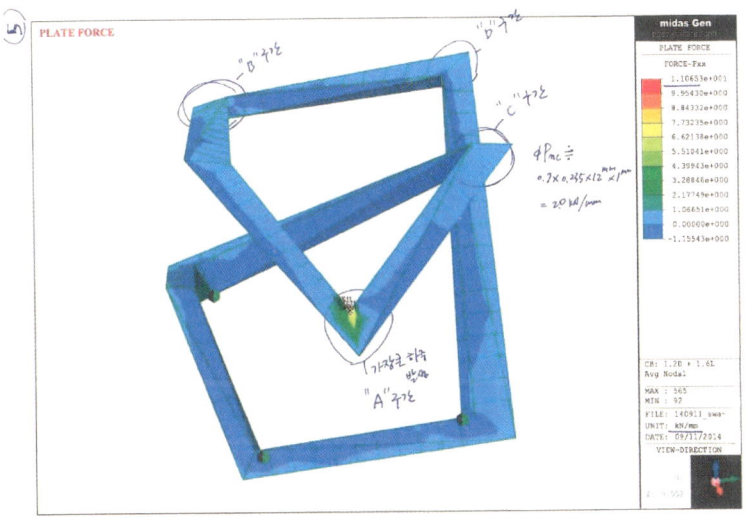

거의 파란색에 가깝다. 색상 변화는 판 전체 하중의 크기를 말해준다. 빨간색이 더 무겁다는 뜻이다. 노란색 경고가 보이는 'A' 노드에 문제가 있다! It's almost blue. Color spectrum shows the amount of force the entire plate weigh. Red means more loads. According to the yellow alert, 'A' node got a problem!

#structural_calculation #blue #load #A_node #TEO_Structure

조호건축
Endless Triangle

다시 구조 계산. 녹색과 노란색으로 물들어 있다. Again structural calculation. It is stained green and yellow

#structural_calculation #green #yellow #TEO_Structure

조호건축
Endless Triangle

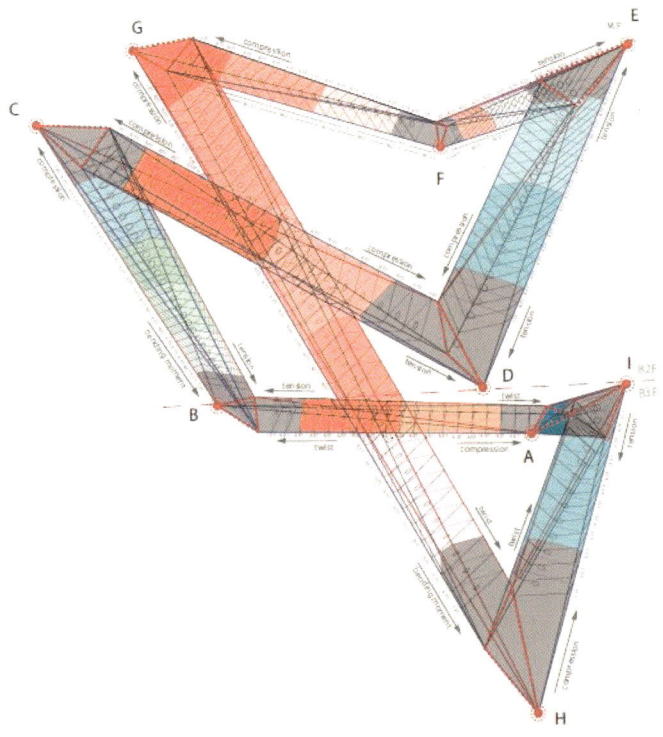

a.b.c.d.e.f.g.h.i... 그리고 다시 a! 끝없이 반복되는 삼각 구조에 매료되다. 최종 형태는 9개 노드로 구성된다. a.b.c.d.e.f.g.h.i... and again a! Fall into Endless repetition triangle. A final form has 9 nodes.

#endless #timeless #cycle #triangle #9nodes

조호건축
Endless Triangle

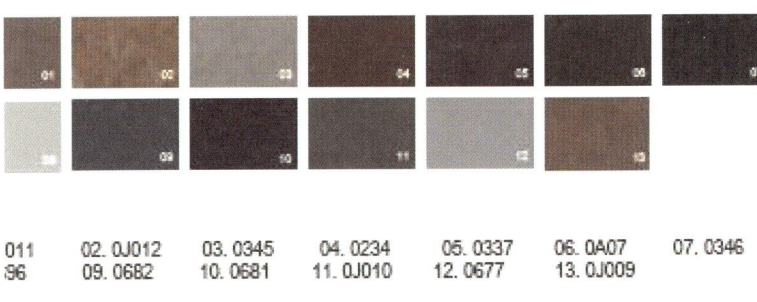

차가가 있다. 수많은 숫자… 그리고 소재… There's a chart. Tons of numbers.. and materials..

#chart #number #material #color #chip #Luxteel

조호건축
Endless Triangle

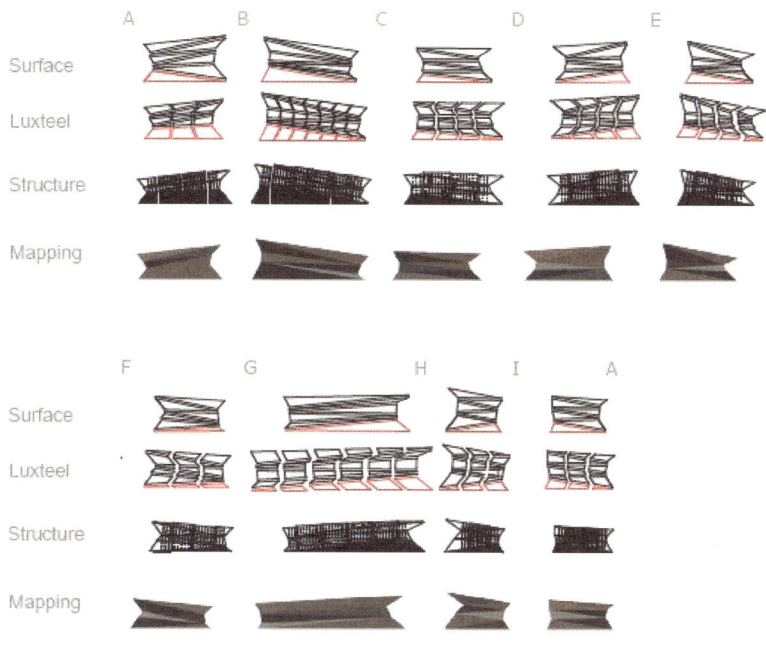

여기엔 역설이 존재한다. 강한 구조와 섬세한 표면… 강철로 구현한 상반된 성질이 '트라이앵글'이라는 하나의 공간 안에서 만난다. There's a paradox. The strong structure and the delicate surface.. In steel, contradictory properties combine in single space 'Triangle'

#paradox #contradictory #endless #combination #triangle #Luxteel

조호건축
Endless Triangle

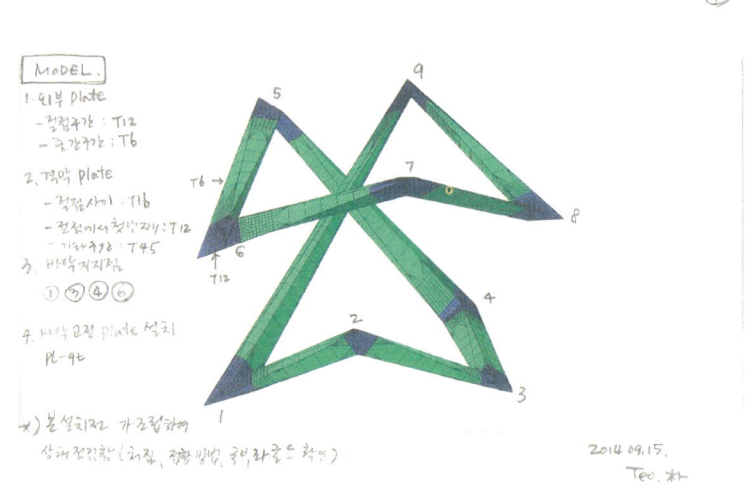

실제 시공에 들어가기 전에 그린 모의 시공 스케치다. 이대로 잘 되기를 바란다. Before actually being built, this is sketch of simulation of construction. Hoping it will work.

#sketch #simulation #plate #nodes

조호건축
Endless Triangle

어떻게 하면 이 형태를 안정적으로 세울 수 있을까? 구조 연구는 계속된다. 부재들 사이의 가새가 문제를 해결해 줄 수 있을까? How can this geometry stably stand? Structure study is ongoing. Can brace between members solve the problem?

#physical #structure study #small_version

조호건축
Endless Triangle

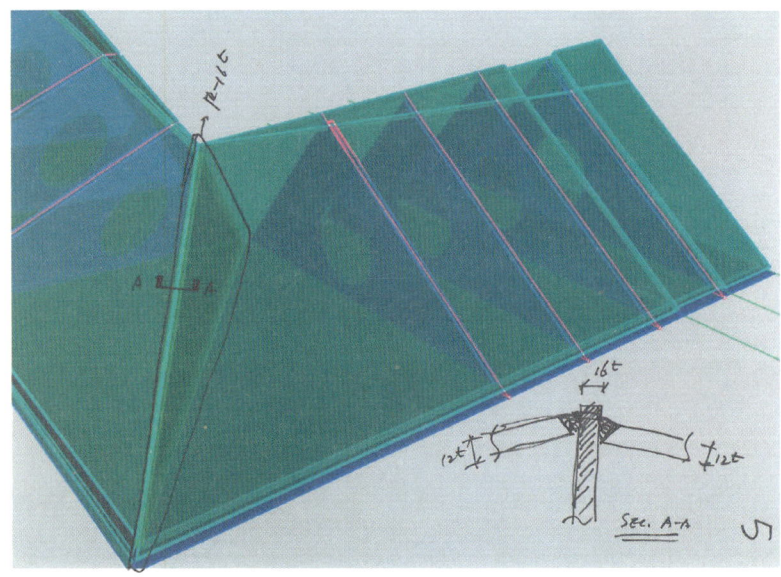

배플 구조로 문제를 해결하다! 흥미로운 사실은 '배플' 구조 역시 삼각형이라는 것이다. Baffle structure solve the structural problem! It's interesting that 'baffle' is also a shape of triangle.

#structure #baffle #triangle #sketch

조호건축
Endless Triangle

무한 삼각형의 전체 형태. 무한 삼각 구조에 매료되다. 그리고 영원함을 느끼다. The entire shape of Endless Triangle. Fall into this triangular loop. Then feel the timelessness..

#mock-up #1/10 #sharp #loop #eternality #timelessness

조호건축
Endless Triangle

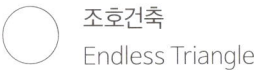

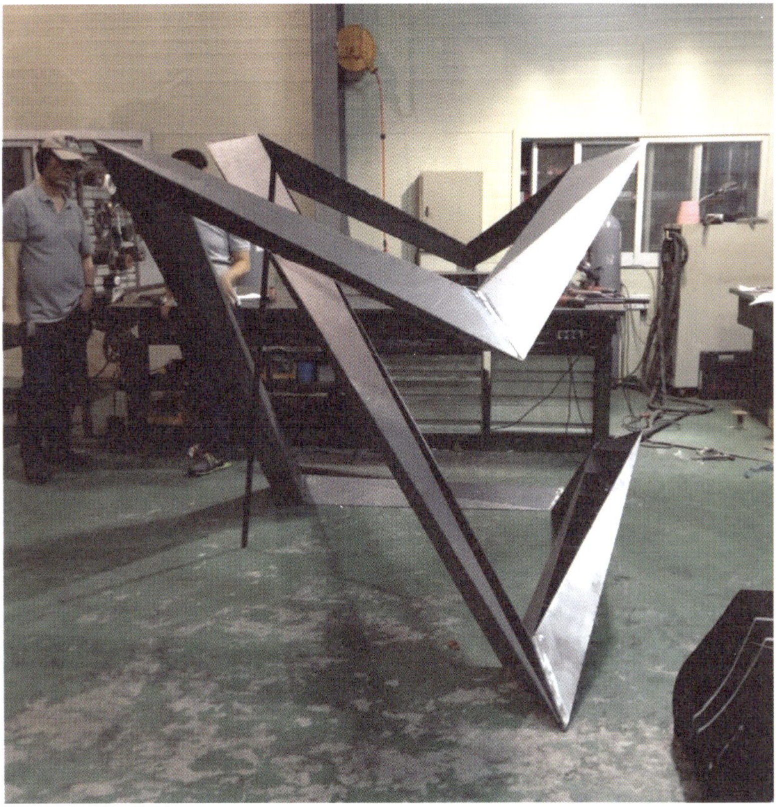

보는 각도에 따라 조형물이 전혀 다른 모습을 보여줄 수 있다는 게 놀랍다. 이것이 방금 사진으로 본 것과 같은 것이라는 게 믿어지는가? 이 위태위태해 보이는 오브제가 실제로 설 수 있다는 것인가? It's amazing that the sculpture shows wholly different atmosphere of a shape regarding to a view angle. Can you believe that it is a same object as picture that you see a moment ago? This precarious object can be stand in real?

#mock-up #different_angle #different_mood #precarious

조호건축
Endless Triangle

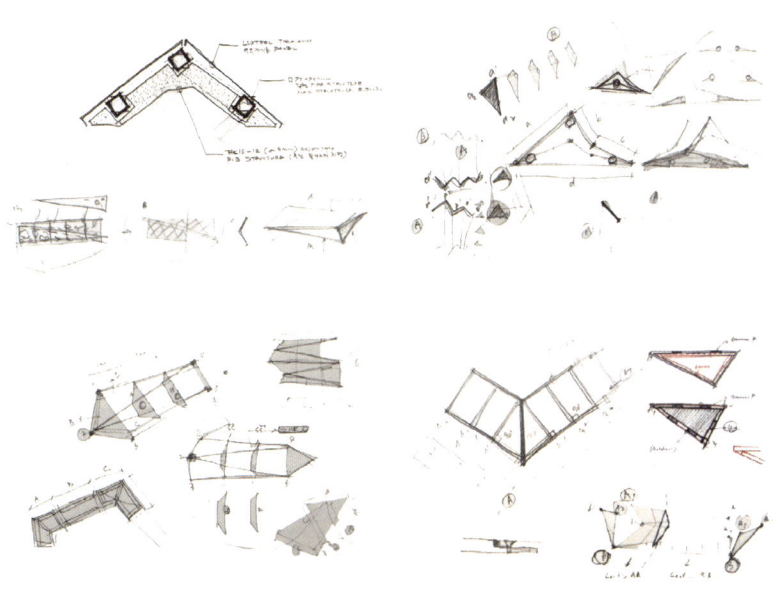

구조 디테일을 그리다. 다양한 배플 크기... 부재... 손으로 그린 그림이 수작업 공사로 확장된다. Sketch the detail of structure. Various baffle sizes.. attachment.. Hand sketch expands to hand work construction.

#sketch #structure #baffle #handwork

조호건축
Endless Triangle

예리한 꺾임이 만들어내는 수많은 각… 이 투명한 오브제는 조형물을 관통해 볼 수 있게 해준다. 이는 조형물의 예리함과 섬세함을 한 층 강화해준다. Tons of series of angles that the sharp deflection makes.. This transparent object allows you to see through the sculpture. It doubles the sculpture's sharp and slender feature.

#angles #sharp #slender #wireframe #baffle

조호건축
Endless Triangle

시공 디테일을 살펴보자. 배플 구조는 부재에 적용했다. 이는 이 거대한 조형물이 어떻게 구현될 수 있었는지 그 비결을 말해준다. 배플 구조는 유닛으로 되어 있다. 작은 단위로 분할했음에도 철의 느낌이 살아있다. Go into the construction detail. Baffles are attached to members. It takes off the veil how the enormous sculpture can be got in. It's unit. Even it is cut into small pieces, it still gives us feeling of steel.

#construction #look #inside #member

조호건축
Endless Triangle

시공 현장에 가면 활기를 느낄 수 있다. 완성되기 전 철의 물성을 느낄 수 있는 기회다.
You can feel the energy of construction site. Chance to feel the material of steel as it is before the completion.

#mock-up #test #energy #steel #heavy #lifting #up #SunWoo_IND

조호건축
Endless Triangle

시공 현장이 실내로 이동했다! 하나의 소재가 공간을 지배한다. 기막힌 생각이 떠오른다. 피해를 최소화하기 위해 우리는 철의 특성을 최대한 고려해 자석을 사용하기로 한다. The construction site has been moved inside! A material overwhelms the space. There's a brilliant idea. To minimize damage, we use magnetic to attach with careful consideration of iron's feature.

#construction_site #indoor #Eureka! #magnetic #SunWoo_IND

조호건축
Endless Triangle

결국 우리는 프로젝트를 완료했다! Finally, the ending product captured in perspective.

#endless #timeless #cycle #triangle #final #perspective #SunWoo_IND #Luxteel #Nam-goongSun

조호건축
Endless Triangle

구조물은 빈공간을 가로지르는 강한 선들로 전시되었고 두 개 층 사이를 새롭게 관계 짓는다. The final product exhibits strong lines which penetrates the void space and creates conversation between the two levels.

#endless #timeless #cycle #triangle #final #perspective #void # SunWoo_IND #Luxteel #NamgoongSun

○ 조호건축
Nine Bridge Pergola

이 독특한 비정형성을 보라! 힘이 넘치는 곡선은 금방이라도 튕길 것만 같다. Look at its unique irregularity! Powerful curve looks like it's going to bounce at a moment.

#factory #production #fabrication #steel #massive #structure #CJ_E&C #Iljin_Unisco

조호건축
Nine Bridge Pergola

유압 장치는 아직 연결되지 않은 거대한 부재들을 유지해준다. 임시 방편이다. 내부에는 기둥이 없을 것이다. Hydraulic Support sustains not assembled immense members. It's temporary action. There will be no columns inside.

#hydraulic #support #not #yet #assemble #immense

○ 조호건축
Nine Bridge Pergola

강철 구조 품질 확인! 강철판은 주어진 곡률에 따라 각을 맞춰 정확하게 시공되었다. 덕트와 강철 소재 사이의 단열재로는 용접 온도에서도 품질이 변하지 않는 세라믹 보드를 사용했다. Check the quality of steel structure! The Steel plate is precisely adjusted in its curvature ratio to fit the Zig, ceramic boards that will not succumb to changes in quality at welding temperatures were used as the insulating material between the duct and the steel material.

#14th #April #factory #ceramic #board #insulate #steel #precise #zig #curvature

조호건축
Nine Bridge Pergola

이것은 구조가 하루 아침에 완성되는 것이 아님을 보여준다. It shows that a structure isn't be constructed at once.

#power #of #manpower #machine #noble #construction site #welding #firework #CJ E&C #Iljin_Unisco

조호건축
Nine Bridge Pergola

시공 현장을 보기 좋게 구성함으로써 공사 현장의 소음 대신 조용하고 고급스러운 기계 같은 느낌을 선사해준다. By putting the construction site in a good composition of picture, it gives the impression of quiet, noble machine rather than noisy one that real site gives.

#power #of #manpower #machine #noble #construction_site #welding #firework

조호건축
Nine Bridge Pergola

이것은 공장에서 임시로 조립했다. 작업을 진행하는 동안 기둥의 위치를 표시하는 데 트림플 장치를 사용했고, 골조는 구조부 높이에 맞춰 설치했다! This is tentative assembly in factory. During the process, the Trimble equipment was used to mark the location of the columns, and the frame was installed to adjust the height of the structural component parts!

#14th #April #factory #fabrication #steel #sample #factory #production #tentative #trimble #3d #laser #scanner #top_view

조호건축
Nine Bridge Pergola

이것은 건물 중앙 나뭇잎 구조의 중심부다! 이 구조물은 조립 및 해체가 쉬워 어디에나 설치가 가능하다. Here is a center of a leaf structure in the center of the construction! This structure can be installed in anywhere by means of disassembly and assembly.

#center #disassembly #assembly #anywhere #CJ_E&C

조호건축
Nine Bridge Pergola

불확실성과 가변성의 공간... 이 형태가 기존 클럽 하우스와 선형 고목의 그리드 구조에 앞에서 완충적 역할을 할 수 있을까? Space of uncertainty.. Flexibility.. Could this form buffers grid of existing club house and a linear old tree?

#on-site #construction #old #tree #expansion #relation #constructing_on #extending #nature #buffer #uncertainty

조호건축
Nine Bridge Pergola

부재의 물성과 크기가 매우 인상적이다. 방독면을 쓴 남자는 SF 영화를 떠올리게 한다. 이들 인공적 산물에 비하면 그는 너무나도 작다. Members' material and sizes are overwhelming.. The gas mask man reminds us SF movies.. He's so small compared to these artificial creatures.

#overwhelming #gas_mask #steel

조호건축
Nine Bridge Pergola

우리에겐 임무가 있다. 임시로 조립했던 것과 똑같이 구조물을 재조립하는 것이다. There is a mission. Reassemble a structure identical with tentative assembled.

#5th #June #fabrication #on-site #reassemble #CJ_E&C #Iljin_Unisco

조호건축
Nine Bridge Pergola

지붕을 유리 앞에 설치했다. The Roof structure before the glasses are installed.

#on-site #construction #Jeju #roof #structure #CJ_E&C #Iljin_Unisco

조호건축
Nine Bridge Pergola

트림플 장치로 먼저 설치 위치를 표시한 뒤 수평 T-BAR를 고정했다. The Trimble equipment pick the benchmark for installation, and then the horizontal T-BAR was fixed.

#22th #June #curtain_wall_assembly #glass_installation #painting #crane #scissor_lift #T-BAR #CJ_E&C

조호건축
Nine Bridge Pergola

제주의 푸른 하늘은 유리 너머 파빌리온으로 확장된다. 커튼월 시공은 제주도의 강한 바람 때문에 어려움을 겪었다. Jeju's blue sky expands in a pavilion through glasses.. The construction of the curtain wall faces difficulties due to the windy weather one Jeju Island.

#25tons_crane #scissor_lift #trimble_equipment #horizontal_t_bar #3d_laser_scan #Jeju #wind #roof_glass #sealant #curtain_wall #CJ_E&C

조호건축
Nine Bridge Pergola

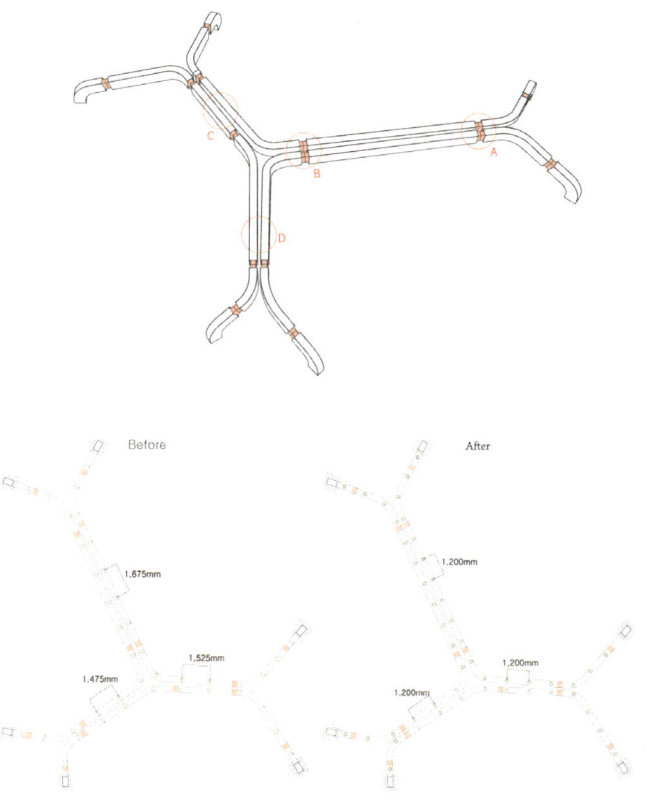

주 강철 골조를 18개로 나눠 두꺼운 골조 안에 덕트를 집어넣고자 했다. 이전 도면과 비교해 디퓨저 위치를 반대로 수정하기 위해 MEP 도면을 새로 그렸다. The main steel frame is divided into 18 to insert duct in a thick main steel frame. It chose to reverse the placement of diffuser compared to previous drawings by creating MEP drawings.

#insert #duct #in #main #steel #reverse #diffuser #compare #pre #drawings #by #MEP

조호건축
Nine Bridge Pergola

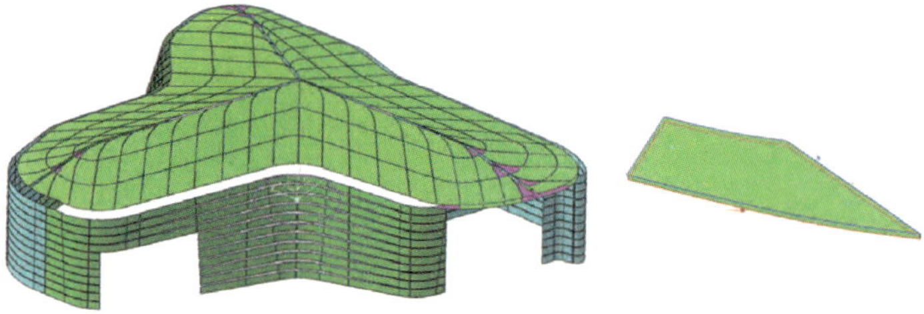

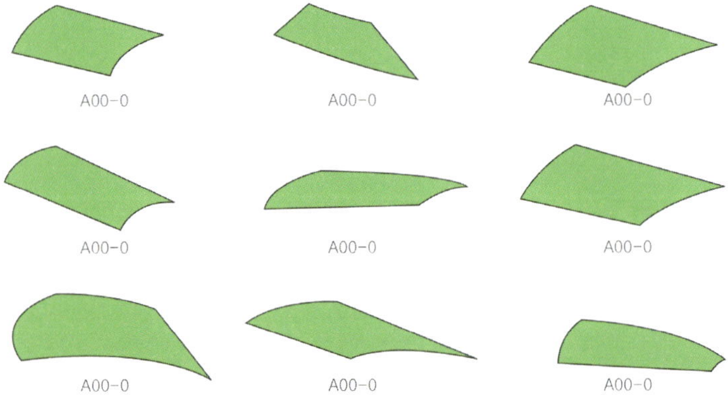

A00-0

A00-0

A00-0

A00-0

A00-0

A00-0

A00-0

A00-0

A00-0

3D 프로그램을 활용해 결정한 유리는 2차 자료에서 구한 폭과 면적의 제곱 값이다. 계산을 마친 후 얻어낸 결과를 엑셀로 정리했다. Glass specified through the 3D program is the value of the square length and area that can be determined from the secondary source. After calculating, it is saved as an Excel value with the calculated values.

#3d #glass #2d #length #area #save #excel

조호건축
Nine Bridge Pergola

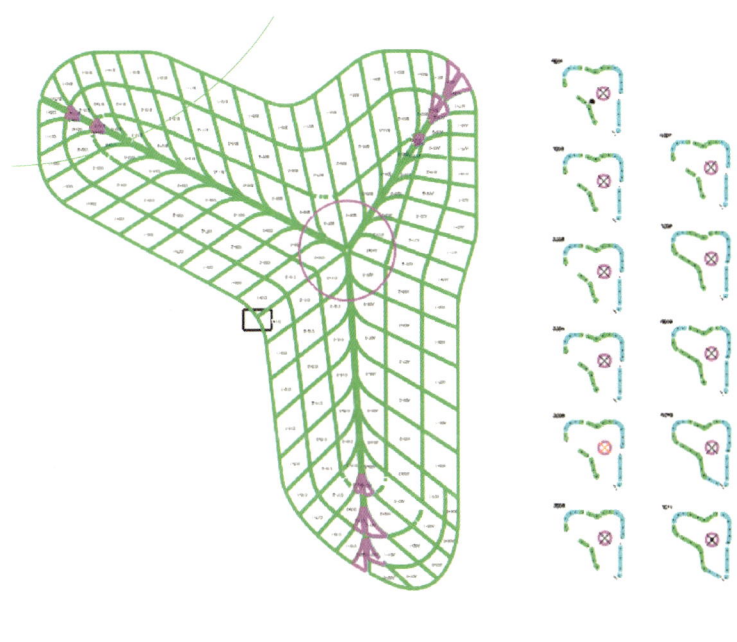

CATIA는 난해하고 섬세한 작업을 요하는 비정형 곡면 유리 설계에 효과를 발휘한다. 계산은 정확하고 결과는 아름답다. CATIA does its duty on an irregular curved glass which is hard and sophisticated work. Accurate calculation, beautiful results.

#CATIA #irregular #curved #glass #accurate #beauty

조호건축
Nine Bridge Pergola

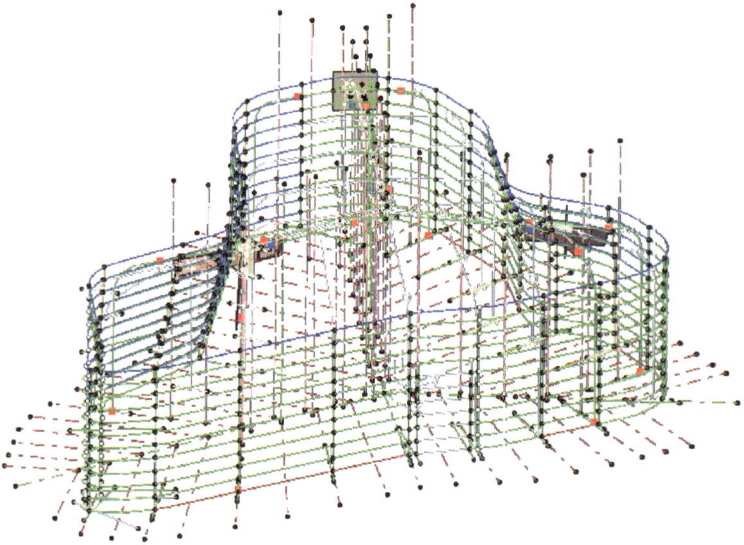

CATIA상에서 각 지점을 도출해내고 이를 원호로 연결한다. CATIA를 활용해 수치 오차를 최소화하면 시공이 쉬워진다! Extract point and connect each other with an arc on CATIA. Minimizing numeric error on CATIA leads to easy construction!

#extract #point #connect #arc #CATIA #easy #construction #Iljin_Unisco

조호건축
Nine Bridge Pergola

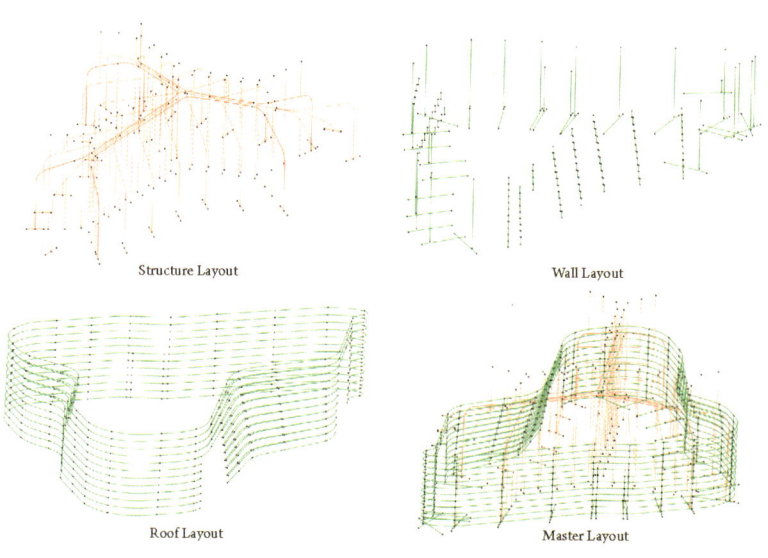

형태 구성 과정은 전체 구조부 관리를 위한 네이밍 과정이었다. 이 프로젝트에는 주 철골구조 6개, 보조 철골구조 19개, 멀리언 23개, 트랜섬 12개가 들어갔다.
Geometry composition process was a naming process introduced in order to manage all the structural parts. For this project, 6 main steel frames, 19 sub steel frames, 23 mullions, and 12 transoms were included.

#CATIA #point #connect #classification

조호건축
Nine Bridge Pergola

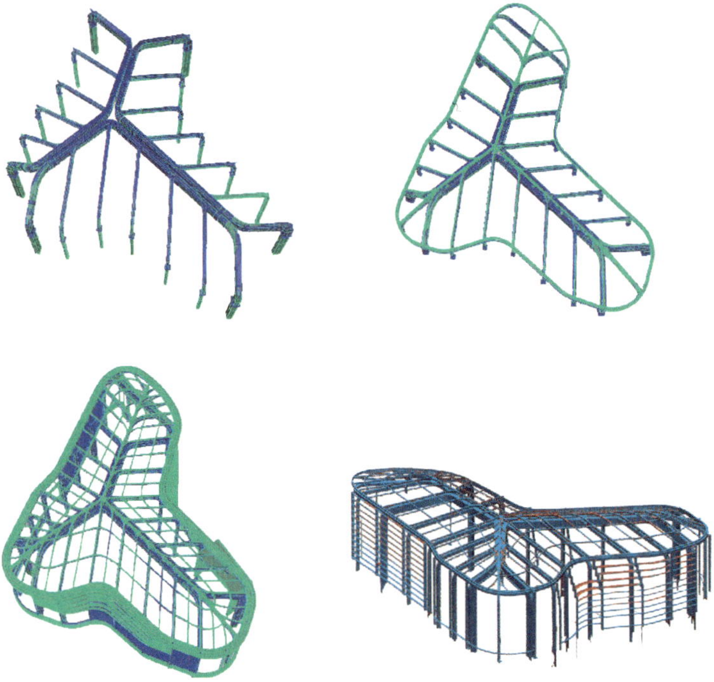

공장에서 구조 조립을 마치고 3D 레이저 스캐너 작업을 진행한 다음 스캔 결과물을 기존 모델에 적용했다. Complete the assembly of the structure in the factory and then use the 3D laser scanner and then merged the scan with the original modelling.

#assembly #completion #3d #laser #scanner #merging #original #model #minimize #errors #field #Iljin Unisco

조호건축
Nine Bridge Pergola

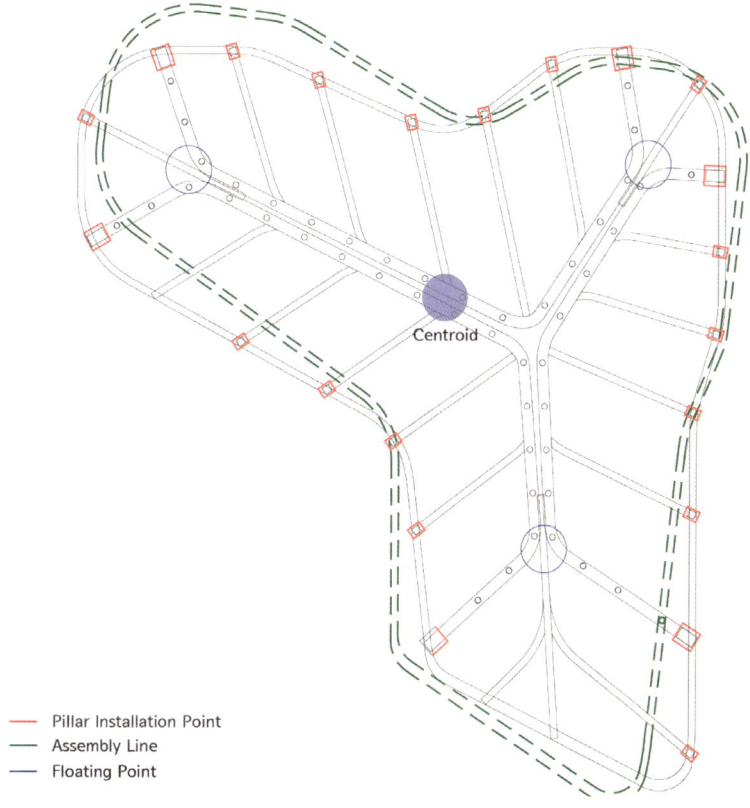

지붕을 먼저 조립하고 그 뒤에 이를 들어올려 기둥에 연결하는 방식으로 공사를 진행했다. Construction proceeded by assembling the roof first and hoisted it later to attach to the column.

#pillar #installation #point #assembly #line #floating #point #roof #first #hoist #to #attach #column #later #Iljin Unisco

조호건축
Nine Bridge Pergola

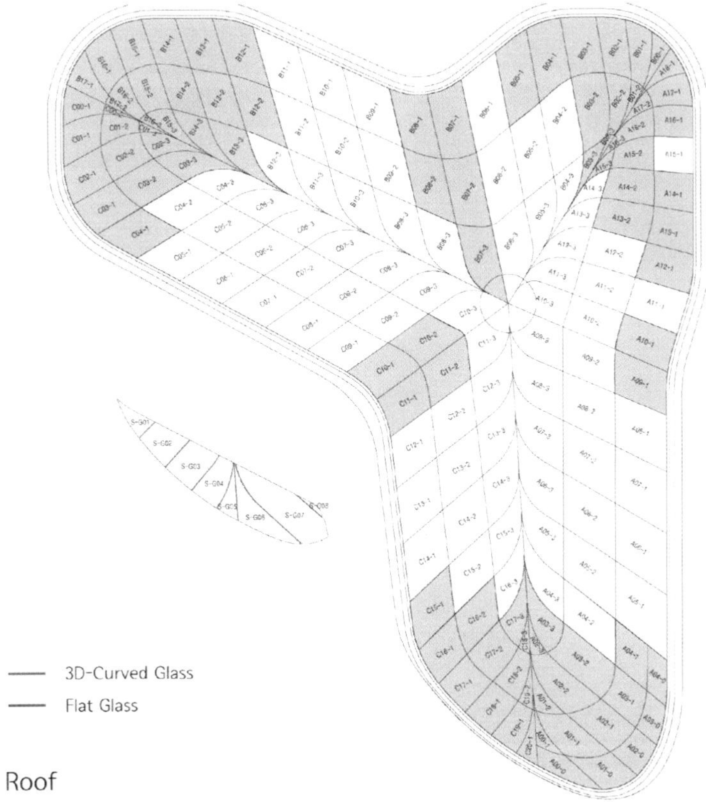

— 3D-Curved Glass
— Flat Glass

Roof

Nine Bridge Pergola에는 3D 비정형 유리 90장, 평면 유리 83장 총 173장의 지붕 유리가 사용되었다. A total of 173 roof glass used in Nine Bridge Pergola, 3D of which irregular glass was 90 sheets and flat glass was 83 sheets.

#diagram #roof #glass #irregular #regular

조호건축
Nine Bridge Pergola

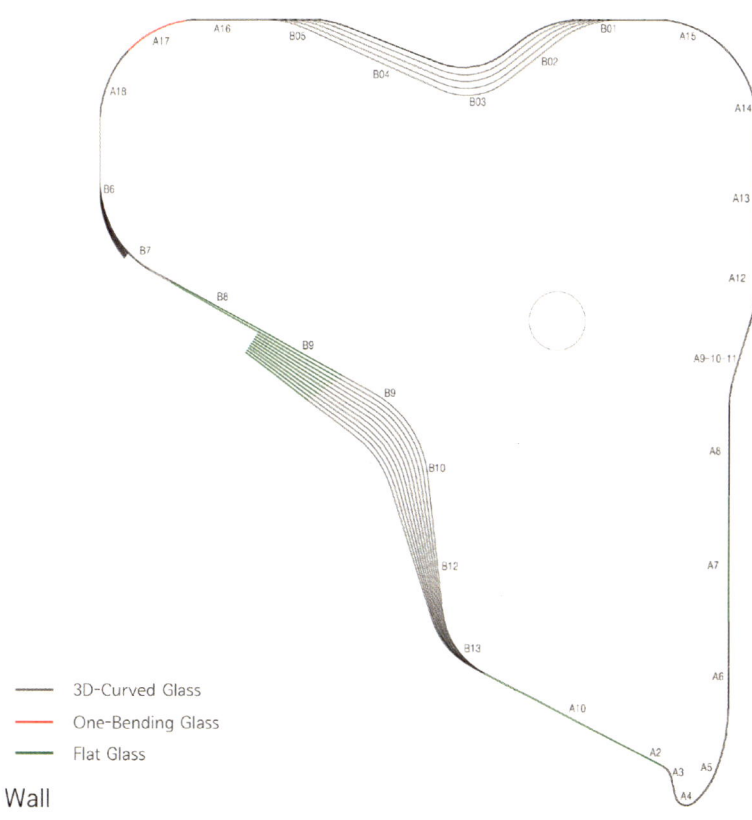

Wall

벽면 오브제의 경우 총 310장 중 3D 비정형 유리가 226장, 2D 유리가 27장 사용되었다. 평면 유리가 57장이었던 것에 비해 3D 유리의 비중이 매우 높았다. For wall objects, 226 3D irregular glass, and 27 2D glass out of 310 total. With 57 flat glass, the ratio of 3D glass was very high.

#Curved_Glass #flat_glass

조호건축
Nine Bridge Pergola

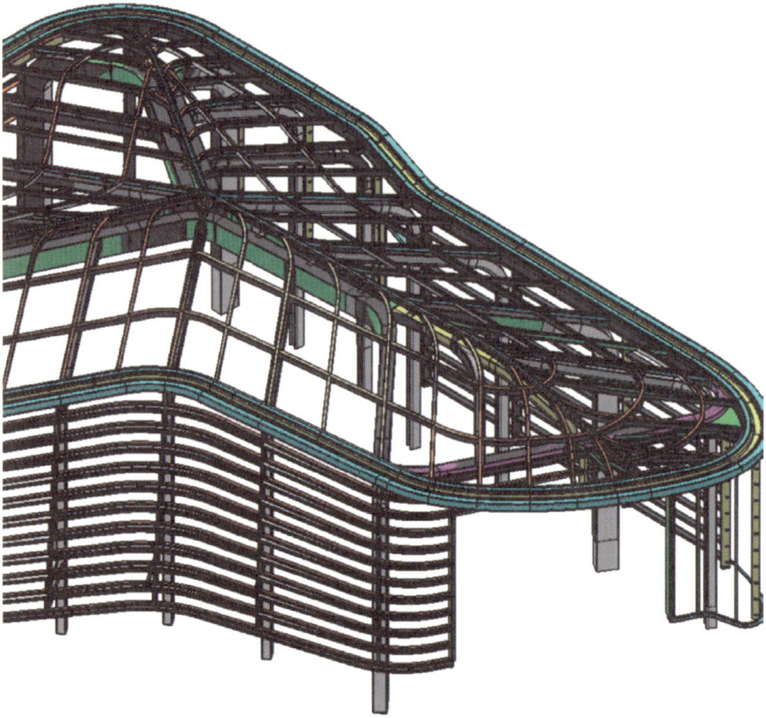

CATIA를 이용한 3D 모델 작업! CATIA는 다른 어떤 툴보다 수치 오차를 줄일 수 있다. Modeling in 3d with CATIA! CATIA can minimize numerical errors than any other tools.

#CATIA #3d #minimum #error #Iljin_Unisco

조호건축
Nine Bridge Pergola

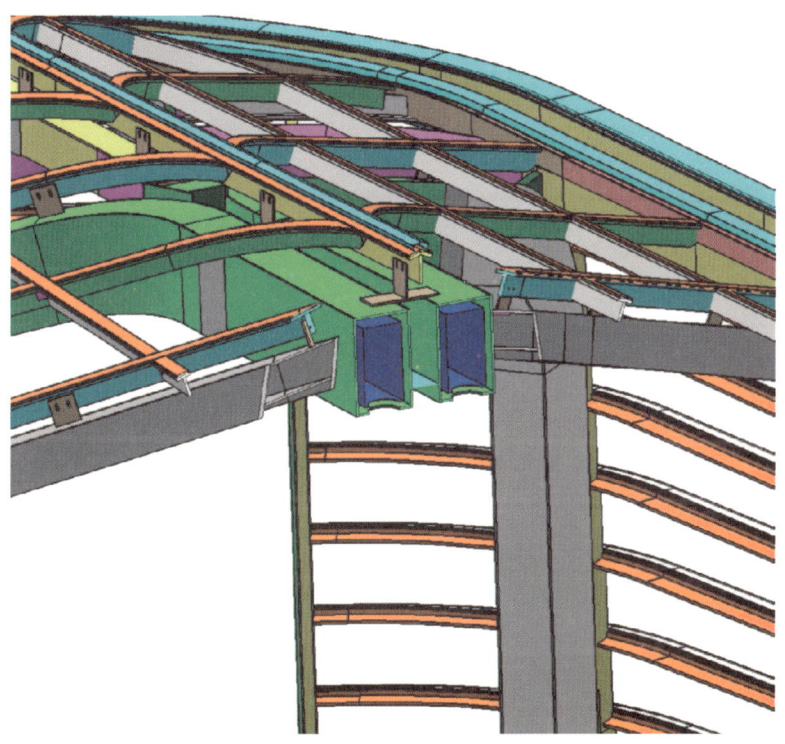

기존 모델과 스캔 결과물을 합친 그림을 살펴보면 부재와 부재가 만나고, 각 부재의 만곡이 급격하게 변하는 곳이 가장 민감한 부분임을 알 수 있다. If you look at the picture that combines the original modelling with the scan results, the most sensitive area is the point where the member meets the member and the member's curvature changes rapidly.

#sensitive #point #member #meets #= #curvature #rapidly #change #Iljin_Unisco

○ 조호건축
Nine Bridge Pergola

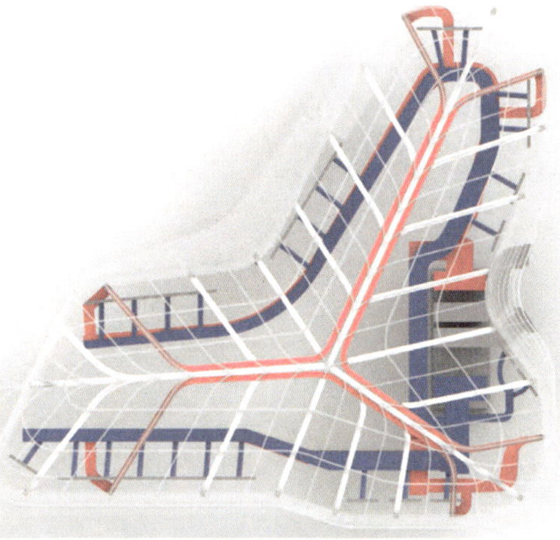

Nine Bridge Pergola의 구조는 3차원 나뭇잎을 닮았고, 실내 온도 조절을 위해 철과 유리로 만든 커다란 잎의 잎맥을 따라 흐른다. The structure of the Nine Bridge Pergola resembles a three-dimensional leaf and flows along the 'leaf vein' of a large leaf made of iron and glass for indoor temperature control.

#3d #version #leaf #structure #= #facilities # resemble #nature #especially #plant

조호건축
Nine Bridge Pergola

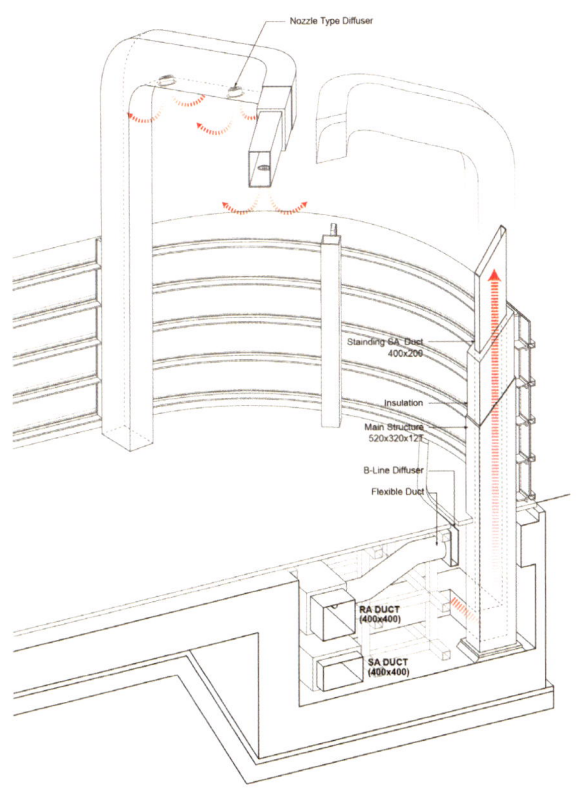

이 프로젝트의 덕트 디테일을 살펴보자. 구조와 시설의 조화. 비록 밋밋한 건축 다이어그램이지만 건축 구조가 자연의 그것과 닮았다는 것을 느낄 수 있다. Let's see duct detail of this project. Integration of structure and facilities.. Even though it's just colorless diagram of architecture, it feels the architecture structure is parallel to nature one.

#archi-nature #integration #structure #parallel #facilities #diagram #diffuser #insulation #duct #sa #ra

조호건축
Nine Bridge Pergola

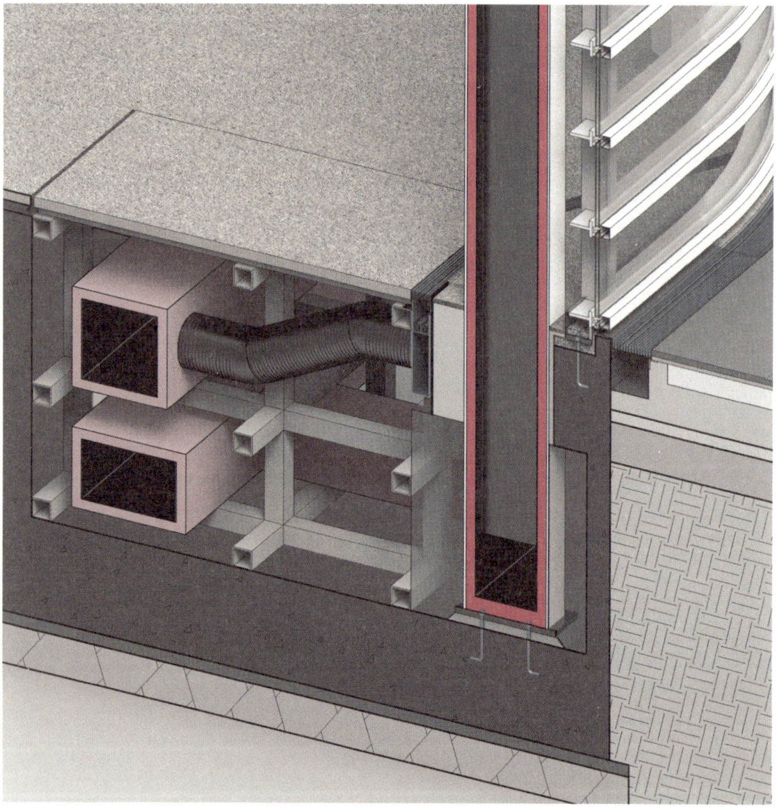

RA(배기)는 왼쪽 하부, SA(흡기)는 왼쪽 상부. 이들을 플렉시블 덕트 시스템으로 B라인 디퓨저와 연결했다. RA (Return air) on the lower-left, SA(Supply air) on the upper-left. These are connected to B-line diffuser by Flexible Duct.

#RA #SA #duct #B-line #diffuser #main #structure #insulation #facility #attachment #detail

조호건축
Nine Bridge Pergola

항공뷰에서 본 나인브릿지 파고라는 주면 사이트 컨텍스트와의 관계성을 보여준다.
The completed Nine Bridge Pergola in aerial view shows connection with surrounding contexts at site.

#aerial # roof #steel_structure #archframe #CJ E&C #Iljin_Unisco #Nine_Bridge

조호건축
Nine Bridge Pergola

지붕 뷰는 구조로부터 형성된 흥미로운 건축적 어휘를 보여준다. The roof plan shows interesting architectural language formed by the trusses.

#aerial #roof #steel_structure #archframe #CJ_E&C #Iljin_Unisco #Nine_Bridge

조호건축
Nine Bridge Pergola

빛에 의해 밝혀진 나인브릿지 파고라는 주변 풍광을 밝혀준다. Nine Bridge Pergola illuminated with lighting at night may also brightens up the surrounding.

#steel_structure #lighting #illumination #archframe #CJ_E&C #Iljin_Unisco #Nine_Bridge

조호건축
Nine Bridge Pergola

나인브릿지 파고라 입구는 조경과 어우러져 정감있는 공간을 만들어낸다. The entrance of the Nine Bridge Pergola features a view that blends harmonically with surrounding landscape to create a welcoming sense.

#perspective #entrance #steel_structure #archframe #CJ_E&C #Iljin_Unisco #Nine_Bridge

조호건축
Nine Bridge Pergola

자연광은 파고라 내부에 투영되며 다양한 라인으로 이루어진 그림자 패턴을 만들어 낸다. At day time, natural lighting is casted into the interior of the pergola and creates an interesting pattern of shadows with lines.

#interior #perspective #daylighting #archframe #CJ_E&C #Iljin_Unisco #Nine_Bridge

○ 조호건축
Waffle Valley

구조 위에 누군가 서있다. 그런데 뭔가 이상하다… 그것은 '종이'다! 우리는 종이를 잘 엮으면 바위처럼 단단해진다는 것을 알아냈다. Someone is up on the structure. But something strange.. It is a 'paper'! We found out that paper can become hard as rock when they are intertwined.

#mock-up #structure_study #waffle #paper #WonderPaper

조호건축
Waffle Valley

계곡이 형태를 갖춰가는 과정을 볼 수 있다. 유기적 오브제를 직육면체에서 파낸다. 그리고 마침내 아름다운 곡선이 나타난다. 자연 계곡처럼 보일뿐 아니라 그 탄생 과정까지 볼 수 있다. You can see the process how the valley gets its own shape. Dig out organic object from cuboid. Finally, the beautiful curves are born. Not only it looks like a natural valley but also the creation process.

#diagram #mass_development=creation_process #metaphor

조호건축
Waffle Valley

와플 형태로 분할되기 전에 빛 아래서 보면 물결 형태와 어우러진 아름답고 깊은 그림자를 볼 수 있다. Before slicing to become a waffle, just with light, you can see the attractive deep shade collaborate with the wave

#mass #wave #shade

조호건축
Waffle Valley

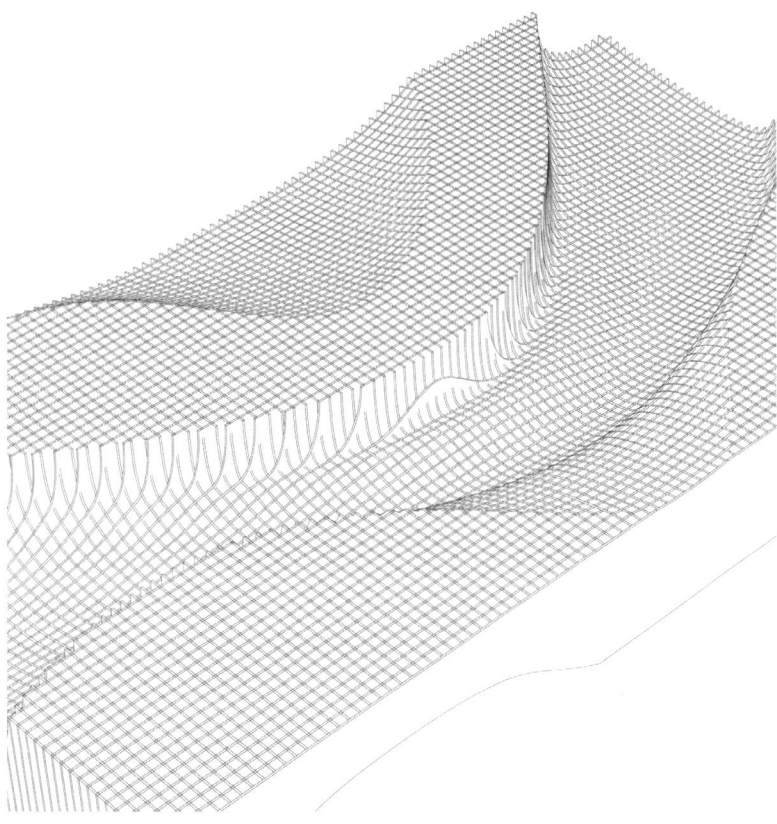

마치 직물 같은 유연함... Flexible as a texture of fabric..

#fabrication #flexible

조호건축
Waffle Valley

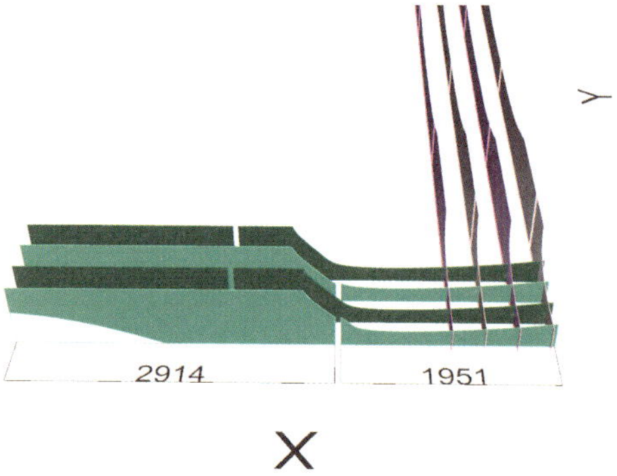

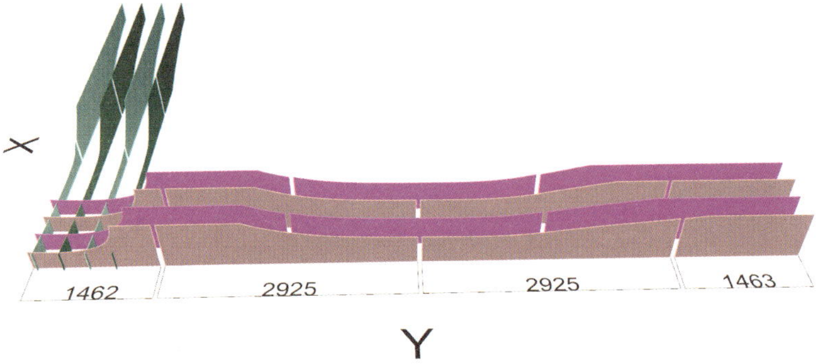

이는 X 및 Y 축 부재의 크기를 보여준다. 그런데 왜 이들은 절단되어 있는가? 생산 크기 제한 때문에 와플 계곡을 통일된 형태로 구성하는 건 불가능했다. It shows member size of X and Y axis. Then why they are cut? Because of the size limitation of production, the waffle valley cannot be realized in unified form.

#fabrication #separate #X #Y #axis

조호건축
Waffle Valley

좀 더 자세히 살펴보자. 이는 와플 구조를 어떻게 조립했는지 그 원리를 보여준다. 이제 전체를 살펴보자. 와플 구조는 아름다운 곡선이 된다. Let's take a closer look. It shows logic of waffle how they are assembled. Let's see as a whole. It makes beautiful curves.

#fabrication #crossing #waffle #curves #beauty

조호건축
Waffle Valley

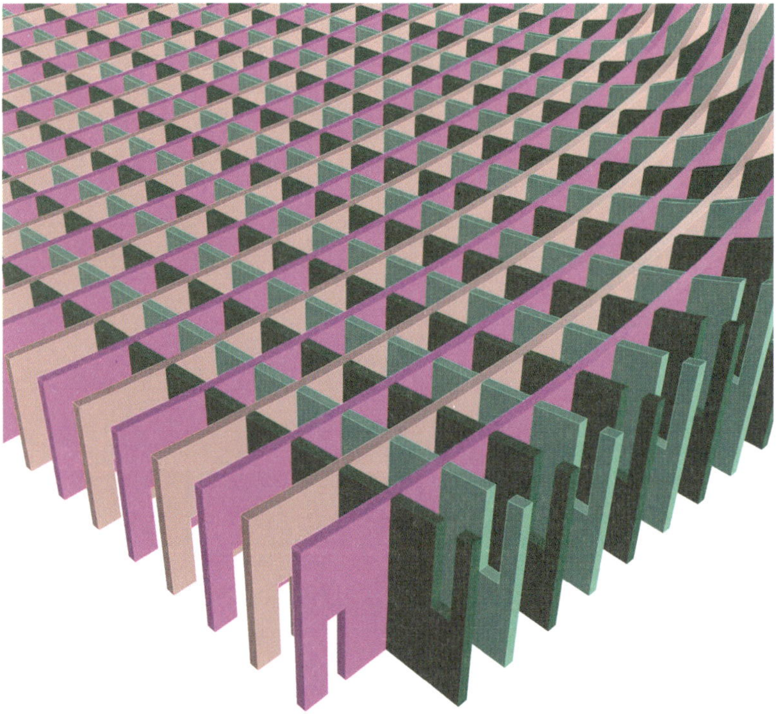

와플 계곡의 가장자리를 확대해보자. 수많은 홈을 발견할 수 있다. 이는 분리된 X와 Y 축이 어떻게 와플 구조로 귀결되는지 말해준다. Zoom into the waffle valley's edge. You can see so many chases. It shows how separate x, y axis become a waffle.

#fabrication #chase

조호건축
Waffle Valley

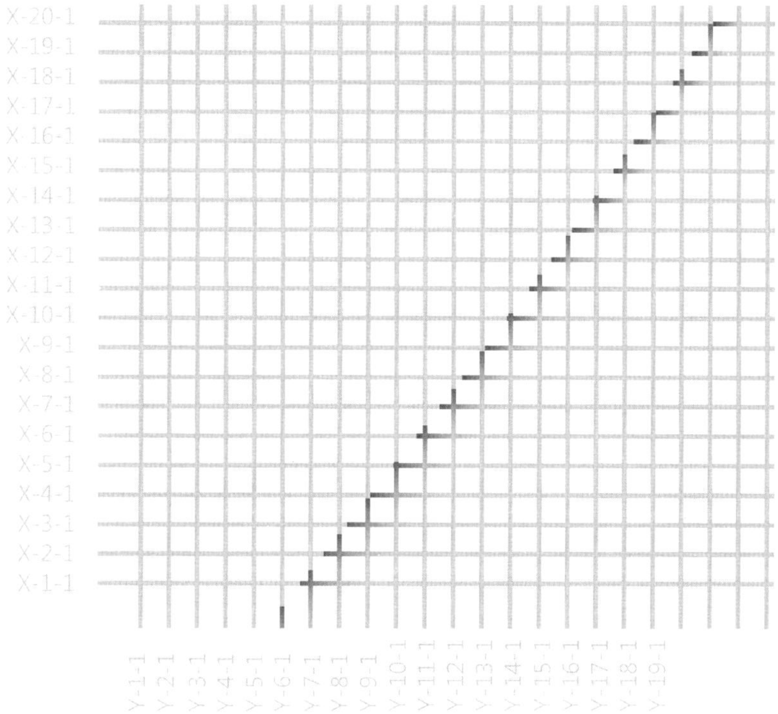

X, Y 축 부재들의 수를 세어보자. 위에서 보면 흥미롭게도 이는 X의 값에 비례해 솟아오르는 그래프처럼 보인다. 실제로는 곡선이 드리운 그림자다. Number the members in the xy axis. From above, interestingly, it seems like a graph growing in proportion to the value of x. It is actually the shade of a curve.

#top #numbering #graph #in_fact #shade

조호건축
Waffle Valley

부재들을 무작위로 배치했다. 부재는 저마다 크기와 곡선의 모양이 다르다. 각기 다른 유닛들이 만들어내는 거대한 물결을 상상해보라! Array members randomly. Each member has its own sizes and curves. Try to imagine the big wave with these all different units!

#array #looks_like #broom #small #movement #makes #wave

조호건축
Waffle Valley

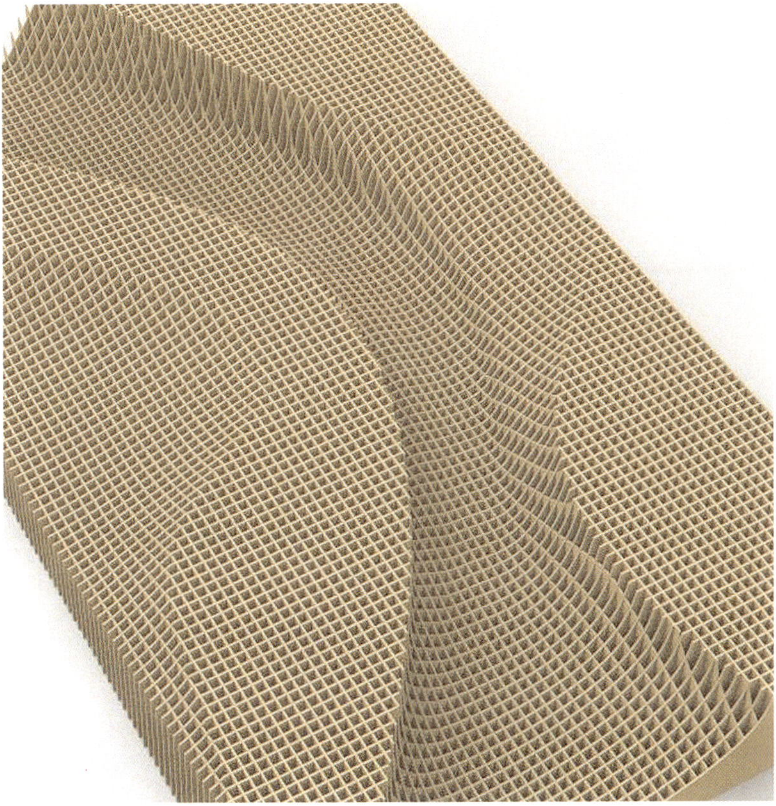

계곡에는 독특한 소재를 사용했다. 계곡은 전체 흐름의 중심이다. 계곡은 종이가 바위 같은 강도를 지닐 수 있다는 것을 말해주는 은유다. The valley gets its own material. It is middle of the mainstream. The valley is a metaphor that paper can have rocky stiffness.

#paper #waffle_valley #metaphor #rock

조호건축
Waffle Valley

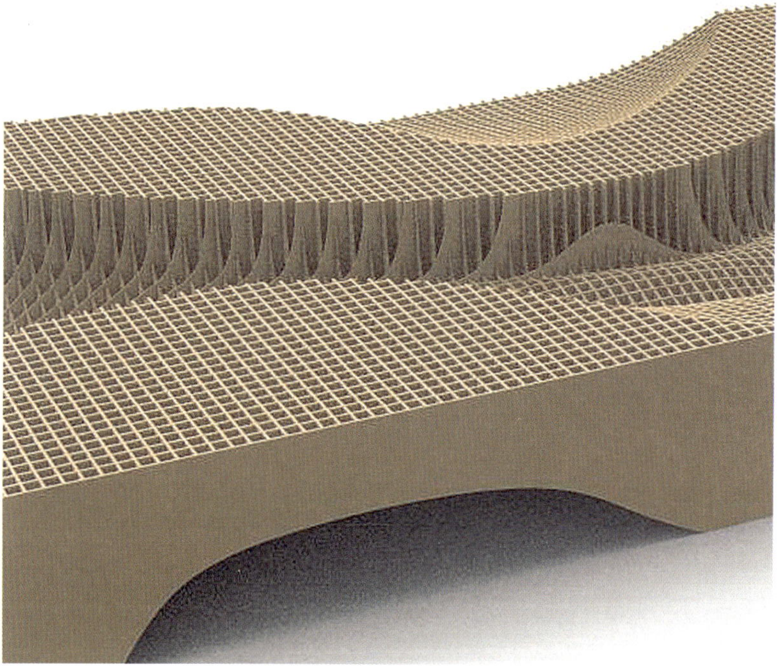

서로 다른 세 개의 아름다운 물결이 존재한다.. There are 3 different beautiful waves..

#paper #waffle_valley #3 #wave

조호건축
Waffle Valley

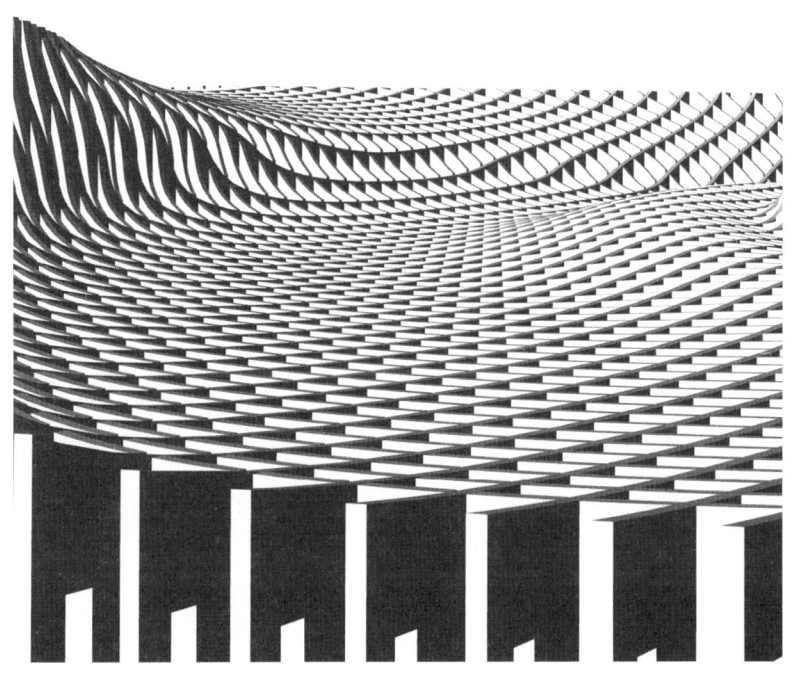

이는 곡선으로도 풍화된 바위로도 보인다.. It both feels curves and weathered rock..

#grayscale #high_contrast #solid

조호건축
Waffle Valley

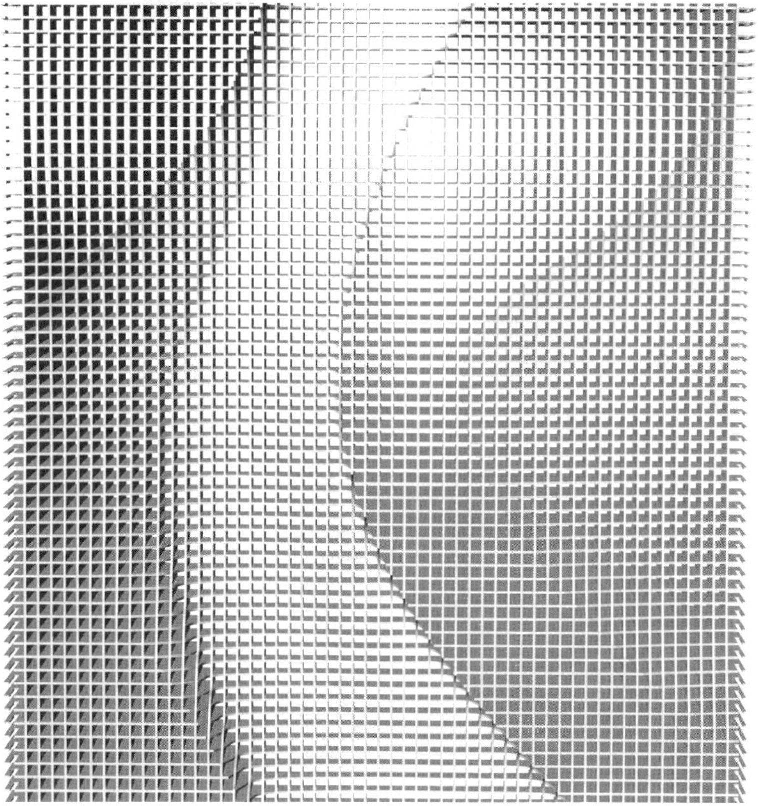

강렬한 대비가 일어나는 계곡은 마치 매끈한 강철처럼 느껴진다... High contrast Valley feels like glossy steel..

#top #high_contrast #gray_scale #waffle #glossy #steel

조호건축
Waffle Valley

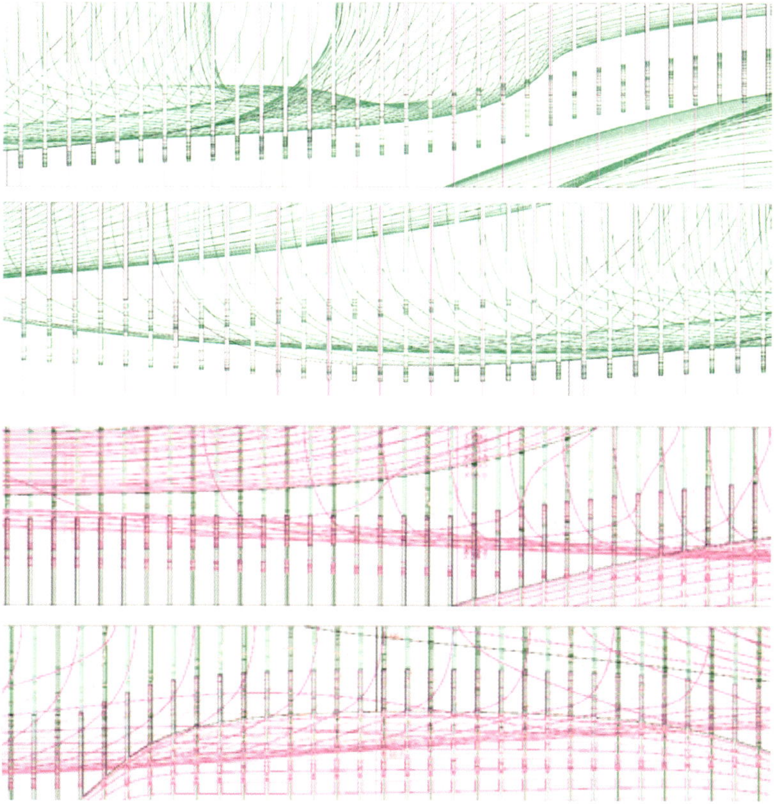

만약 이 계곡이 표면이 없는 선으로만 구성되어 있다면? 투명한 계곡의 측면을 통해 보이는 장면을 상상해보라. 단면상의 모든 흐름이 우리 눈에 비춰질 것이다. If the valley is consisted of lines without surface? Imagine you see through the side of the transparent valley. Every section moment is overlapped in our eyes.

#layers #lines #curve #side

조호건축
Waffle Valley

와플 계곡은 시각적 환상으로 변할 수 있다! The waffle valley can be transformed to visual fantasy!

#fabrication #transparency #just #lines #green #pink

조호건축
Waffle Valley

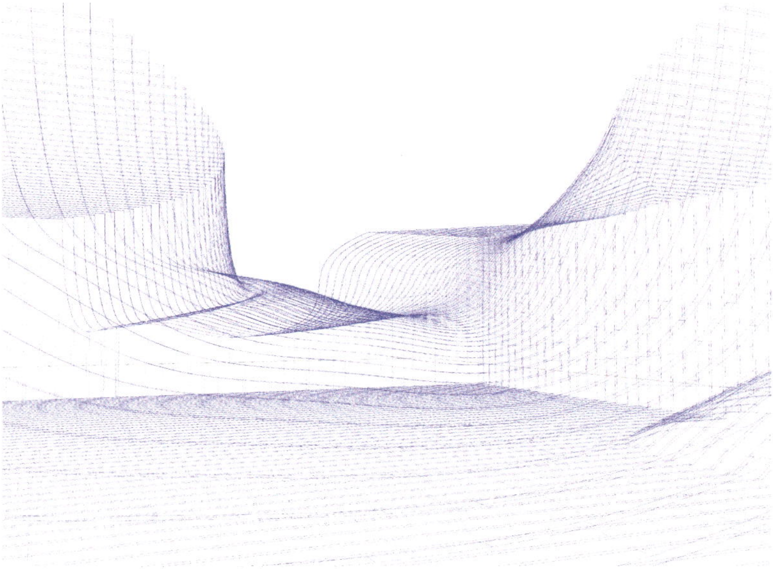

이는 마치 계곡을 흐르는 물 같다. It seems like water flows through the valley.

#valley #real #water #flow

조호건축
Waffle Valley

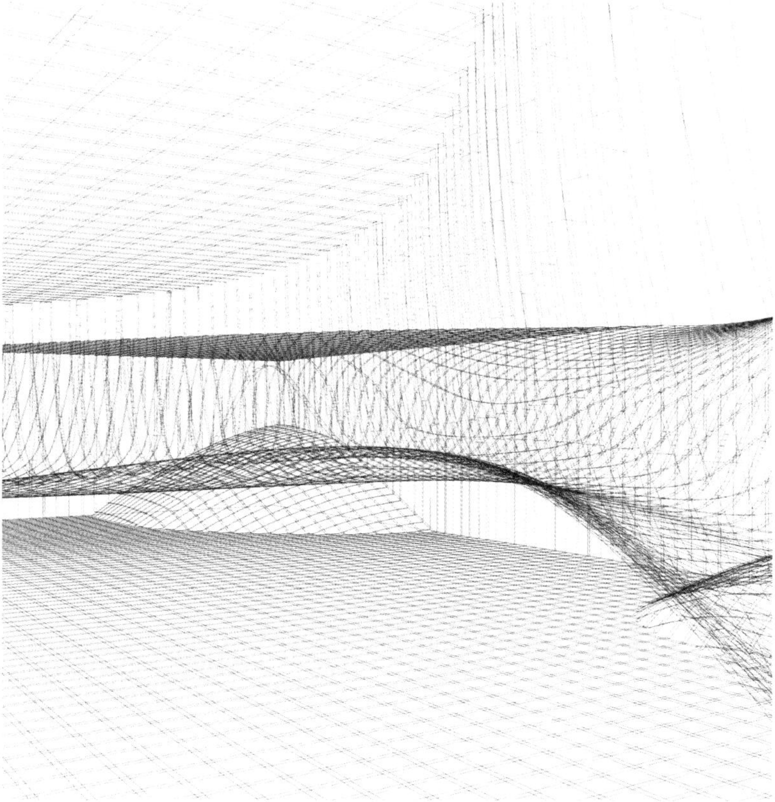

만약 계곡 내부의 역동적인 흐름을 볼 수 있다면 어떨까? 디지털 세계에서는 가능하다. 디지털 세계는 볼록해 보이는 곡선을 통해 독특한 경험을 선사해준다! What if we see the strong mainstream of the valley inside? It is possible in digital world. It gives unique experience of seeing a convex curve.

#inside #valley #digital #wire #convex #mainstream

조호건축
Waffle Valley

와플밸리는 다양한 사회적 기타 프로그램을 위한 공간으로 활용될 수 있다. The completed Waffle Valley acts as a multipurpose space for social and leisure activities.

#completion #public #multipurpose #space #Wonder_Paper #KumHo_Museum_Of_Art #KimYongKwan

조호건축
Waffle Valley

와플밸리 위에 앉으면 다른 색다른 경험이 가능하다. Sitting within the flow of the Waffle Valley takes user's experience to another level.

#completion #seating #architecture #WonderPaper #KumHo_Museum_Of_Art #KimYongKwan

조호건축
Waffle Valley

실제 완성된 디테일에서 빛과 그림자의 대비를 통한 흐름과 질감이 나타난다. When we look into the detail of the actual product, the flow and texture is successfully exhibited with contrast of light and shadows.

#completion#seating #architecture #wave #texture #flow #detail #WonderPaper #Kum-Ho_Museum_Of_Art #KimYongKwan

에이엔디
Skinspace

화가의 그림에 보이는 인간과 풍경 사이의 경계는 명확하다. 하지만 연속적인 질료의 파동과 강렬한 힘의 흐름이 경계를 관통하고 서로를 교감시킨다. The boundary between human and landscape shown in the painter's picture is clear. However, a continuous wave of material and an intense force flows through the boundary and communicate with each other.

#건축 #회화 #화가 #안과_밖 #파동 #패턴 #정일영

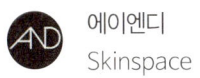
에이엔디
Skinspace

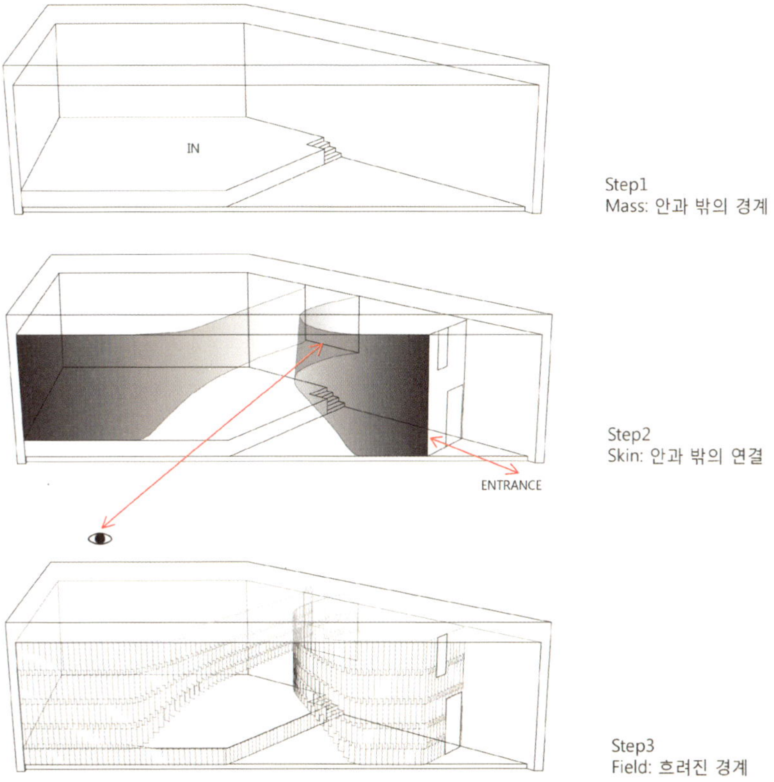

Step1
Mass: 안과 밖의 경계

Step2
Skin: 안과 밖의 연결

Step3
Field: 흐려진 경계

전원의 풍경 속에서 작업을 계속하고자 하는 작가를 위해 그의 그림이 추구하는 세계에 대한 건축적 해석을 제안하고자 했다. I wanted to suggest an architectural interpretation of the world that the artist's paintings pursue for the artist who wants to continue working in the landscape.

#건축 #회화 #화가 #안과_밖 #외피 #자연 #패턴

에이엔디
Skinspace

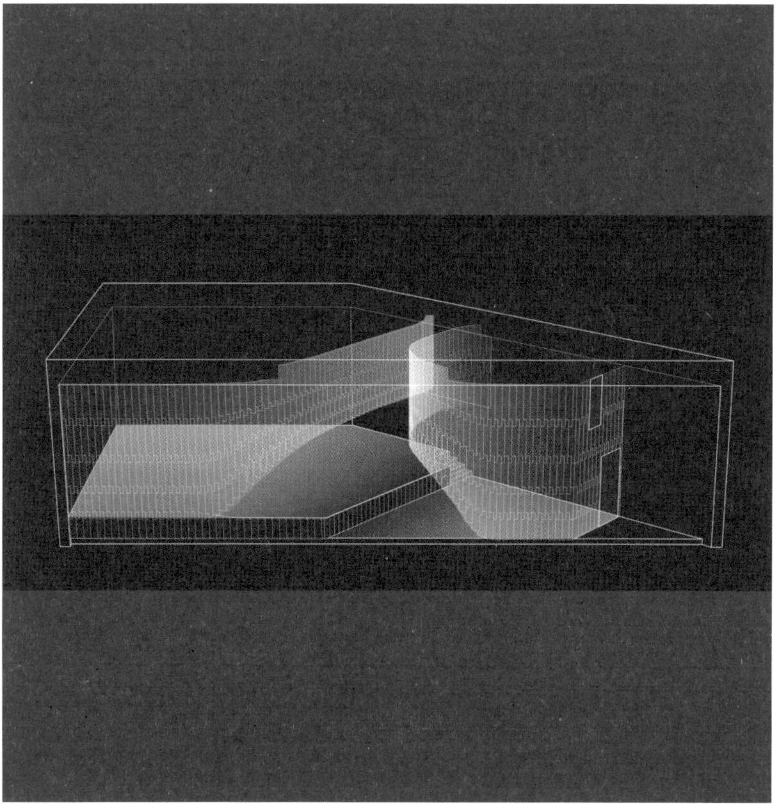

외피(SKIN)가 건축물의 경계를 한정할 뿐 아니라 내-외부를 소통시키는 틈(SPACE)을 만드는 것을 상상했다. I imagined that skin not only limited the boundaries of the building but also created a space to communicate with both the inside and the outside.

#건축 #회화 #화가 #안과_밖 #외피 #자연 #패턴

에이엔디
Skinspace

외피가 내부로 말려들어가 뒷면으로 관통하는 곡면을 만든다. The skin is curled inward to create a curved surface that penetrates backwards.

#건축 #회화 #화가 #안과_밖 #외피 #자연 #곡면

에이엔디
Skinspace

목재 외장재의 사이즈와 곡면을 고려하여 수직 패턴을 만든다. The vertical pattern is made based on the size and curved surface of the wooden exterior materials.

#건축 #안과_밖 #관통 #외피 #목재 #외장재 #변형

에이엔디
Skinspace

곡면의 형태에 따라 목재 패널의 길이가 점차 달라진다. Depending on the shape of the curved surface, the lengths of the wooden panels gradually change.

#건축 #안과_밖 #관통 #외피 #목재 #외장재 #변형 #패턴

에이엔디
Skinspace

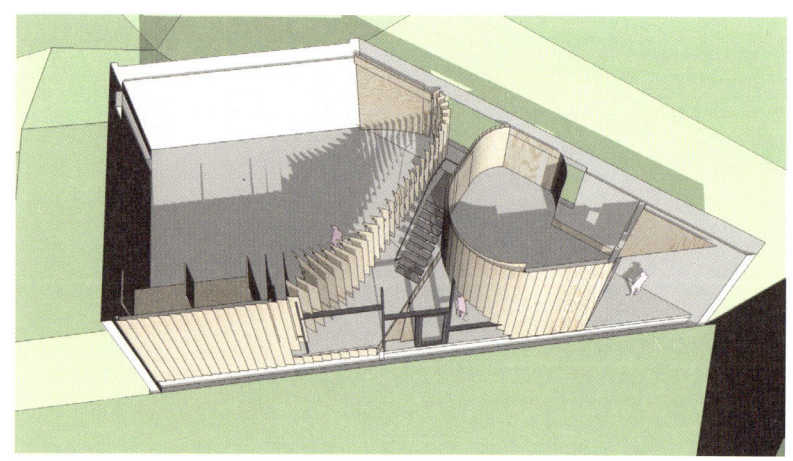

외피가 내부로 말려 들어가면서 패널 사이의 틈이 벌어진다. The skin is curled inward and creates gaps between panels.

#건축 #안과_밖 #관통 #외피 #목재 #외장재 #변형 #틈

에이엔디
Skinspace

벌어진 패널 사이의 틈으로 빛과 외부의 풍경이 스며든다. The light and landscape are seen through the gaps between panels.

#건축 #안과_밖 #관통 #외피 #목재 #외장재 #변형 #틈

에이엔디
Skinspace

건물을 대지의 배면으로 붙여 배치하고, 정면을 평면적으로 인지하도록 했다. The building is placed at the back of the site, the front is shown flat.

#건축 #안과_밖 #관통 #외피 #마당 #파사드

에이엔디
Skinspace

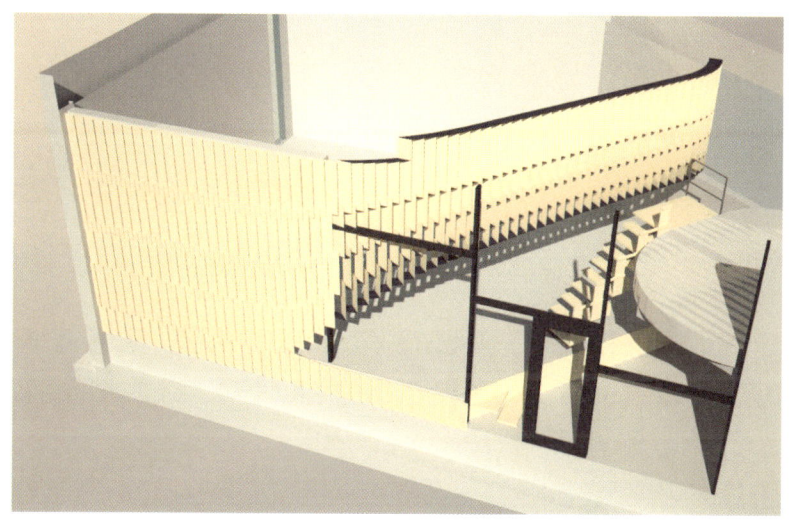

목재패널의 간격과 각도변화를 잡아줄 수 있게 철재브라켓을 사용한다. Steel brackets are used to change the spacing and angles of the wood panels.

#건축 #안과_밖 #관통 #외피 #목재패널 #디테일 #각도변화

에이엔디
Skinspace

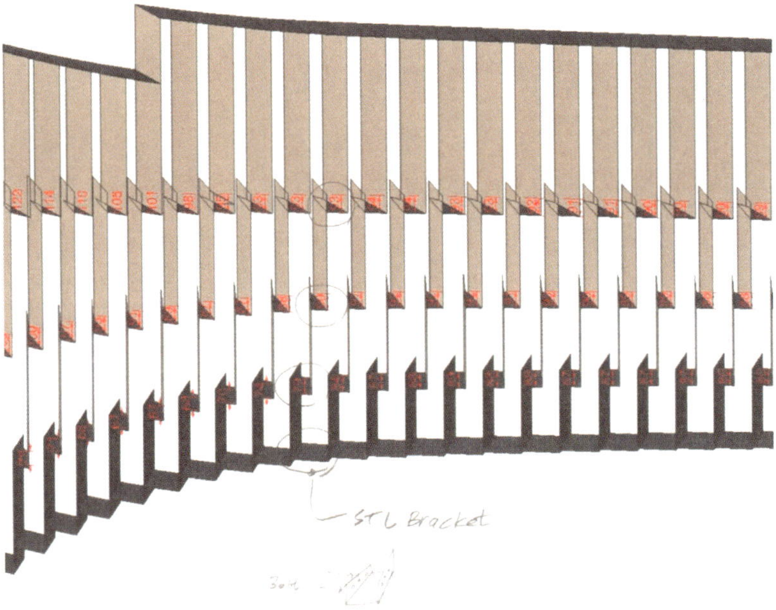

대부분의 목재패널과 철재브라켓의 크기가 달라서 CNC와 Laser로 가공한다. Because most wood panels and steel brackets are different sizes, they are installed with CNC and a laser.

#건축 #안과_밖 #관통 #외피 #목재패널 #디테일 #CNC #Laser Cut

에이엔디
Skinspace

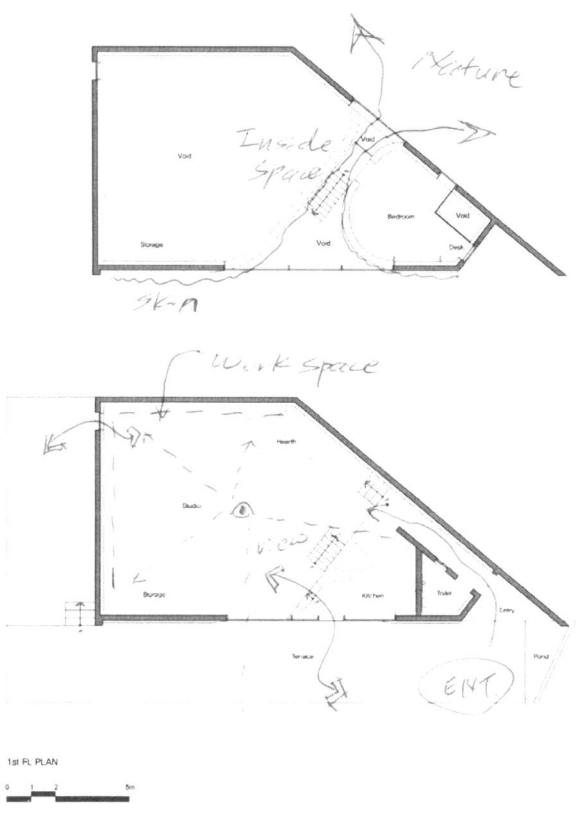

1st FL PLAN

우측 코너에서 출입한다. 화장실과 부엌이 있는 진입공간을 지나 몇 계단을 오르면 작업공간이다. 중앙으로 관통하는 목재패널을 따라 오르면 2층에 침실이 있다. Access is made from the right corner. After climbing a few stairs past the entrance area, which contains a toilet and a kitchen, you come to a work space. Climbing through the centrally penetrating wood panels, there is a bedroom on the second floor.

#건축 #안과_밖 #작업실 #침실 #평면

에이엔디
Skinspace

CNC로 정확하게 절단된 더글라스 합판을 배송 받아서 앞면은 투명 오일 스테인, 뒷면은 흰색 수성페인트로 도장한다. Douglas plywood is delivered accurately cut with CNC. The front surface is treated with a transparent oil stain and the back surface is painted with a white water paint.

#건축 #외피 #목재패널 #CNC #오일스테인 #수성페인트

에이엔디
Skinspace

Laser로 절단 후 절곡하여 번호대로 정리하여 현장에 반입된 브라켓을 확인한다.
After cutting a panel with a laser, bending it, and arranging it according to its number, the bracket brought into the field is checked.

#건축 #외피 #목재패널 #디테일 #Laser_Cut

에이엔디
Skinspace

철재 브라켓과 목재 패널을 번호에 맞춰 볼트와 너트로 조립한다. Steel brackets and wooden panels are assembled with bolts and nuts according to number.

#건축 #외피 #목재패널 #패턴 #디테일 #시공

에이엔디
Skinspace

목재 패널을 번호에 맞춰 구조용 각재에 피스로 고정한다. The wooden panels are attached to the structural timber according to their numbers.

#건축 #외피 #목재패널 #디테일 #시공

에이엔디
Skinspace

목재 패널로 마감된 외피가 내부로 말려들어가 배면으로 관통한다. The outer skin that is finished with a wood panel is drawn inside and penetrated with a face.

건축 #회화 #화가 #안과_밖 #외피 #자연 #Marcel_Lam

에이엔디
Skinspace

목재 패널은 외부에서 내부로, 내부에서 외부로 공간의 흐름을 만든다. Wood panels create a flow of space from the outside to the inside and from the inside to the outside.

건축 #회화 #화가 #안과_밖 #외피 #자연 #패턴 #Marcel_Lam

 에이엔디
Skinspace

목재 패널과 비슷한 색상의 목재로 계단판과 테이블 등의 가구를 만들었다. Furnitures, such as stairs and tables, were made with wood of a color similar to that of the wooden panels.

#건축 #외피 #목재패널 #디테일 #가구 #시공 #Marcel_Lam

에이엔디
Skinspace

목재 패널의 길이와 패널 사이의 간격이 변한다. The length of the wood panel and the gap between the panels changes.

건축 #회화 #화가 #안과_밖 #외피 #자연 #패턴 #Marcel_Lam

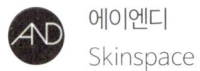
에이엔디
Skinspace

비슷한 색이지만 질감이 다른 몇 가지 나무들이 병치되어 보인다. Several similarly colored trees with different textures were planted juxtaposed.

#건축 #외피 #목재패널 #디테일 #가구 #시공 #Marcel_Lam

에이엔디
Skinspace

틈새로 빛과 시선이 관통한다. 패널의 한 면은 원목무늬, 뒷면은 흰색이다. Light and vision penetrate through the gaps. One side of the panel has a wooden pattern and the back side is colored white.

#건축 #외피 #목재패널 #디테일 #시공 #Marcel_Lam

 에이엔디
Skinspace

패널 사이의 틈으로 빛이 스며들며 직사광선을 작업실에 부드럽게 분산시킨다. 이 과정에서 흰색의 표면은 빛의 변화에 따라 수없이 많은 톤을 만들어 낸다. Light penetrates through the gaps between the panels and gently disperses direct sunlight into the workroom. During this process, the white surface produces tons of tones as the light changes.

#건축 #외피 #목재패널 #빛의_반사 #디퓨져 #디테일 #시공 #Marcel_Lam

에이엔디
Skinspace

목재의 패턴과 빛이 만들어내는 색과 질감이 내부공간을 채운다. The patterns of wood and the colors and textures produced by light fill the interior space.

건축 #회화 #화가 #색 #질감 #자연 #패턴 #Marcel_Lam

에이엔디
Skinspace

목재 패널의 사이로 빛이 산란하고 시선이 관통한다. Light scattering through the wood panel and penetrating the eyes.

건축 #회화 #화가 #안과_밖 #산란 #자연 #패턴 #Marcel_Lam

에이엔디
Skinspace

화가의 작업을 위한 집. 작가와 그의 그림을 닮은 집을 생각한다. A house for the work of artists Think of a house that resembles the author and his picture.

건축 #회화 #화가 #안과_밖 #외피 #자연 #Marcel_Lam

에이엔디
Louverwall

서쪽을 제외한 모든 방향이 건물로 둘러싸인 대지. 여기에 하루 종일 밝고 개방적인 내부공간을 어떻게 만들 것인가? How can we create a bright and open interior space all day long in a site surrounded by buildings in all directions except the west?

#루버 #향 #최적화 #빛 #매스 #조도 #개방성 #에너지효율

에이엔디
Louverwall

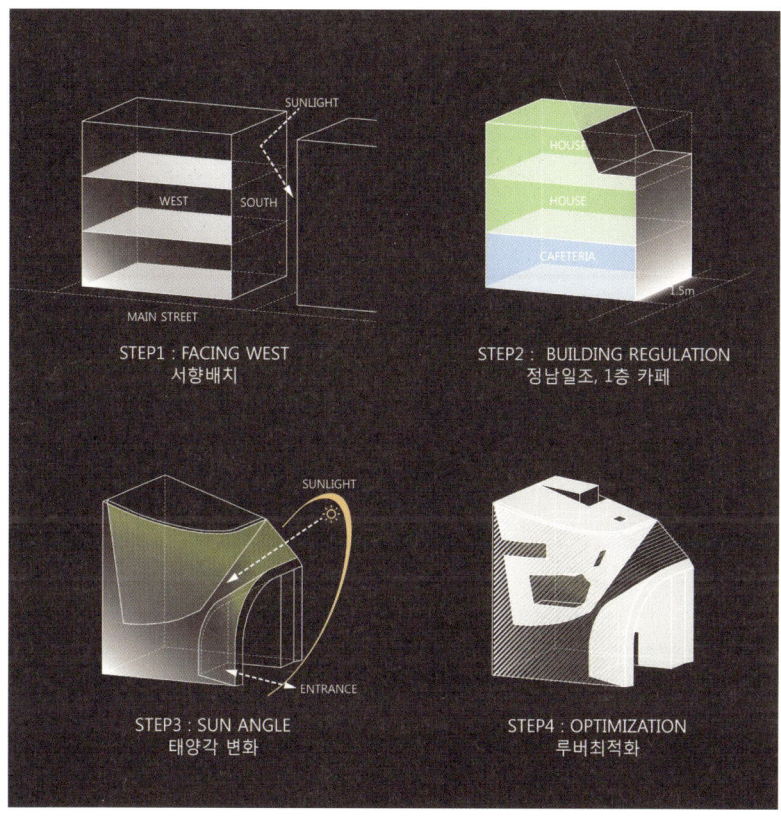

1층의 카페에 하루 종일 자연채광이 될 수 있는 매스, 단면과 입면을 찾는다. It is necessary to find a mass, cross section, and facade that can bring in natural light all day in the cafe on the first floor.

#루버 #향 #최적화 #빛 #매스 #친환경 #에너지효율 #단면

에이엔디
Louverwall

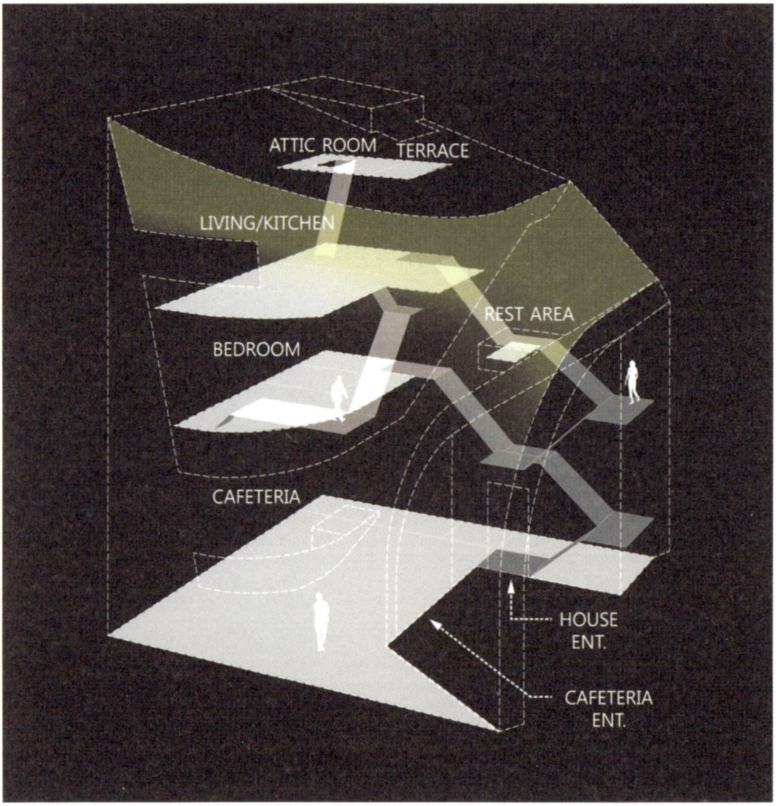

1층의 깊은 내부까지 밝은 빛을 끌어들이는 단면, 내부의 프로그램, 그리고 동선이 서로 관계를 맺는다. The cross-section that draws bright light deep into the inside of the first floor, the inner program, and the traffic route relate to each other.

#향 #최적화 #빛 #매스 #조도 #개방성 #프로그램 #동선

에이엔디
Louverwall

개방감은 좋지만 내부 깊숙이 침투하는 서향의 직사광선을 적절히 차단하는 루버를 설치하지 않고는 쾌적한 내부를 만들 수 없다. The sense of openness is good, but it is not possible to make a pleasant interior without installing louvers that properly shield the area from the direct sunlight from the west.

#루버 #향 #최적화 #빛 #매스 #조도 #개방성 #에너지효율 #패턴

에이엔디
Louverwall

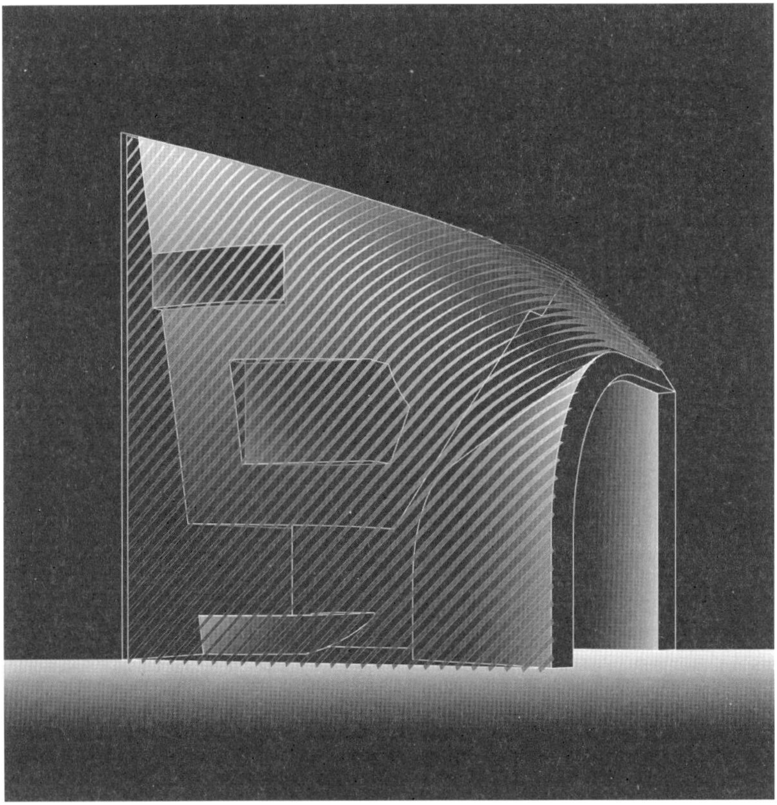

루버와 창 구조체가 내부공간의 빛의 성격을 만든다. Louvers and window structures create the light character of the interior space.

#루버 #향 #최적화 #빛 #매스 #조도 #개방성 #에너지효율 #패턴

에이엔디
Louverwall

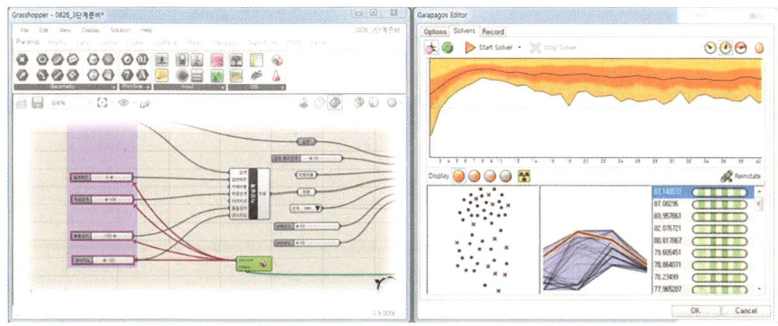

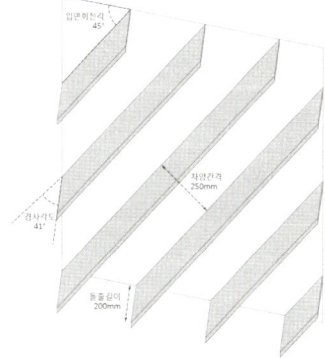

직사광선을 여름에는 차단하고 겨울에는 내부로 끌어들이는 최적의 루버를 찾는다.
It is necessary to find the best louvers that block sunlight in the summer and draws it in the winter.

#루버 #향 #최적화 #빛 #조도 #개방성 #에너지효율 #패턴 #알고리즘

에이엔디
Louverwall

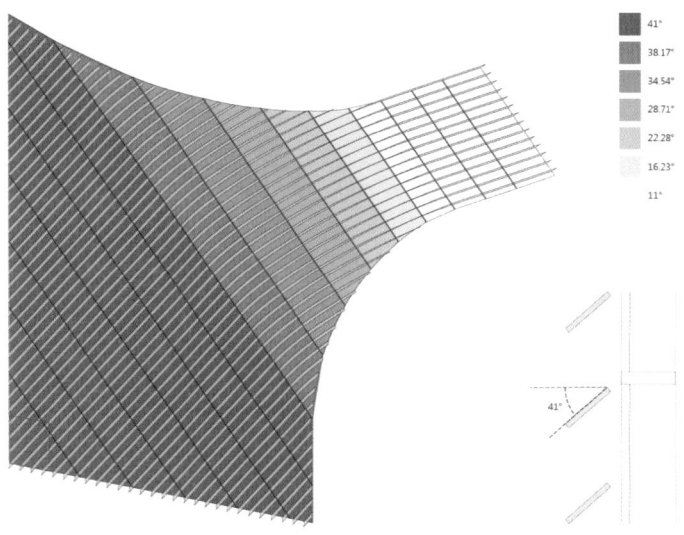

각각의 루버가 정착되는 각도도 향에 따라 달라진다. 기존에 직관적으로 디자인할 수 밖에 없던 부분에 정확성이 생긴다. The angle at which each louver is settled also depends on the direction. Accuracy is established in areas that were previously intuitively designed.

#루버 #향 #최적화 #빛 #조도 #개방성 #에너지효율 #패턴 #알고리즘

에이엔디
Louverwall

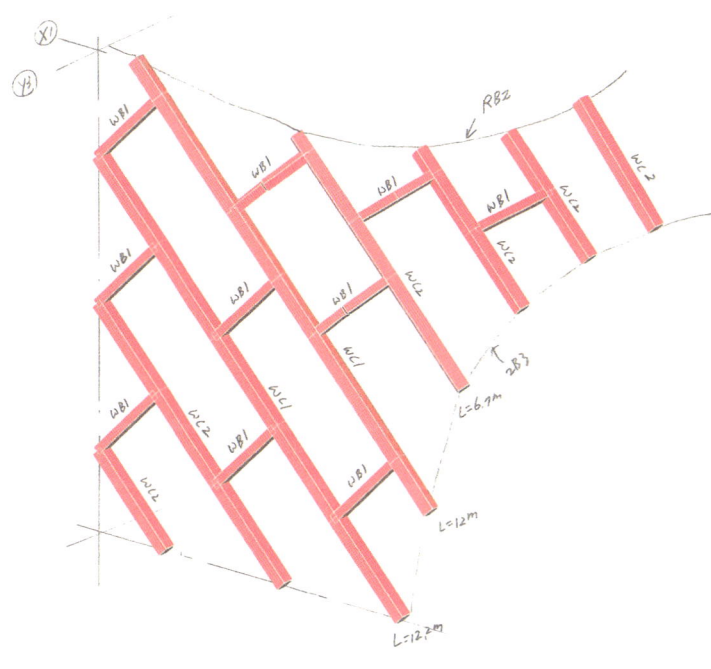

경사진 기둥과 보가 상부의 구조체를 지탱하면서 동시에 커튼월을 지지한다. The inclined columns and beams support the upper structure while supporting the curtain walls.

#매스 #구조 #경사기둥 #보 #패턴

에이엔디
Louverwall

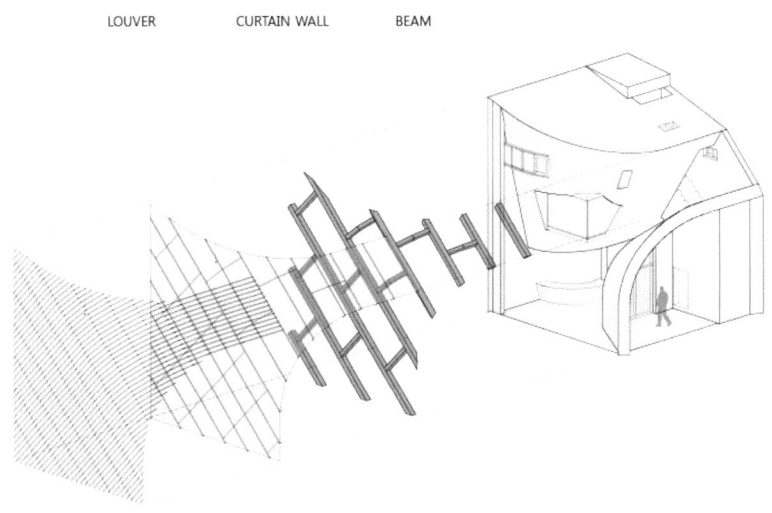

LOUVER CURTAIN WALL BEAM

구조와 창 그리고 루버가 일체화되어 건물의 표면을 만든다. Structure, windows, and louvers are integrated to create the surface of the building.

#루버 #향 #최적화 #빛 #매스 #조도 #개방성 #에너지효율 #패턴 #알고리즘

에이엔디
Louverwall

외단열과 루버를 이용해 일차로 외기에 대응하고, 내부는 노출콘크리트 구조체에 복사열을 축열한다. 폐열회수 환기를 통해 에너지 성능 및 실내 공기의 쾌적성을 높인다. The outsider air coming in is primarily controlled by outer heat and louvers, and the inside accumulates radiant heat on the exposed concrete structure. It improves energy performance and indoor air comfort through waste heat recovery ventilation.

#최적화 #매스 #에너지 효율 #향 #빛 #단면 #단열 #폐열회수환기 #축열

에이엔디
Louverwall

내부 공간 여기 저기에서 빛의 변주를…… 그래 그것이 건축이지! Variation of light in the interior space…… So, this is architecture!

#향 #빛 #매스 #개방성 #그림자 #패턴 #변주

에이엔디
Louverwall

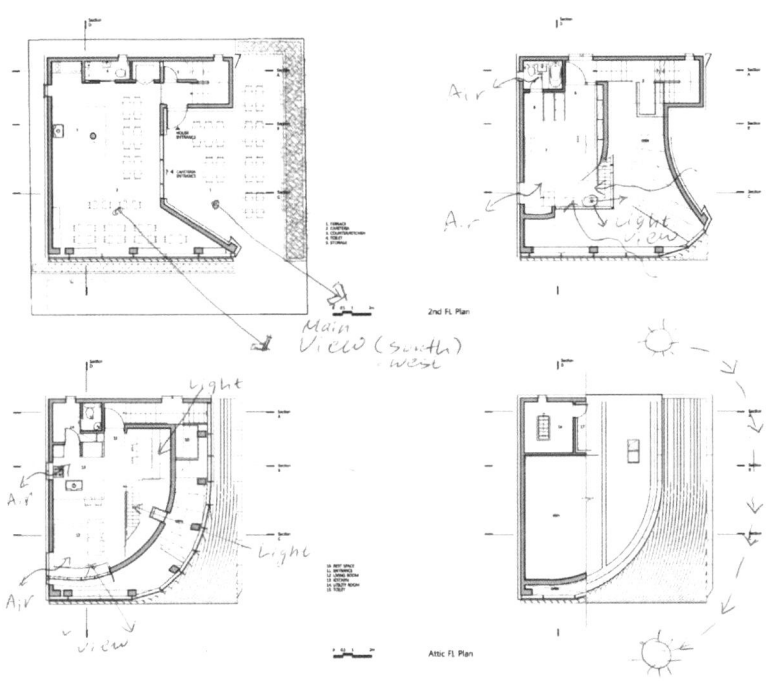

2-3층은 주인이 거주하며 1층의 카페를 운영한다. The owner resides on the second and third floors, and runs a caf on the first floor.

#루버 #향 #최적화 #빛 #매스 #평면 #개방성 #에너지효율 #패턴

에이엔디
Louverwall

3D 모델링을 참고하여 경사진 기둥/보와 곡면의 구조체를 만든다. 이 과정은 아직 목수의 손에 의존하며 이보다 효율적이기 어렵다. The inclined columns, beams, and curved structure are made with reference to 3D modeling. This process still depends on the hands of the carpenter and is most efficient.

#건축 #구조 #복잡성 #수작업 #목수 #시공

에이엔디
Louverwall

구조체 완성 후 창틀과 외단열 및 외장마감 공정이 진행된다. After the completion of the structure, the window frames, the external insulation, and the exterior finishing process are carried out.

#건축 #구조 #창호 #외단열 #패턴 #외장 #시공

에이엔디
Louverwall

구조체가 만들어지는 순간 전체 공간의 아이디어가 나타난다. As soon as the structure is created, the idea of the whole space appears.

#건축 #공간 #구조 #시공 #공간

에이엔디
Louverwall

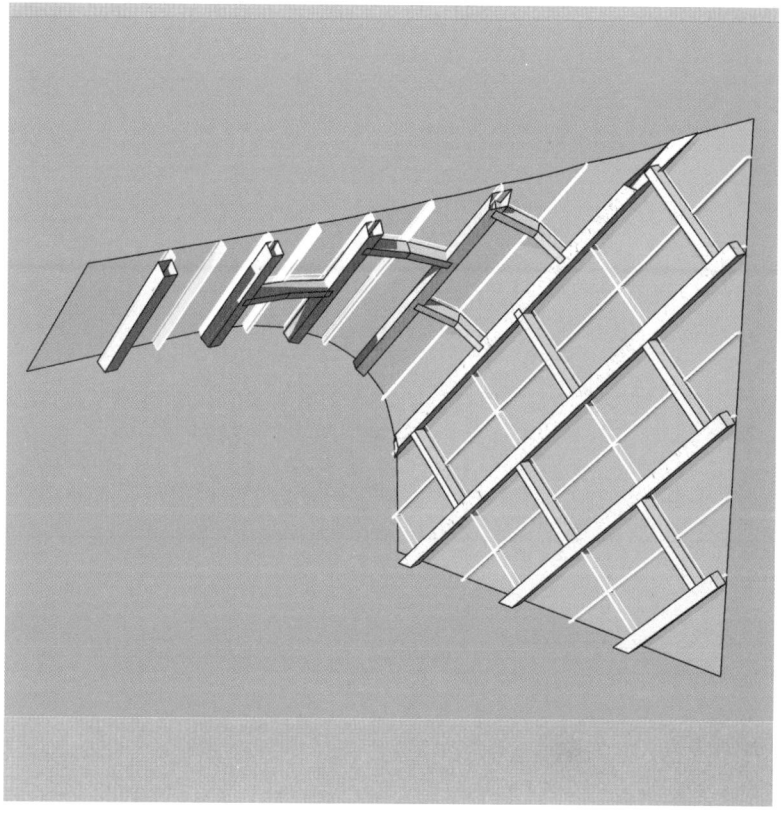

루버를 잡아주는 커튼월 바, 커튼월을 잡아주는 기울어진 기둥과 보는 힘을 전달하며 구조적으로 일체가 된다. A curtain wall bar that holds the louvers and tilted columns and beams that hold the curtain wall transmit strength and become structurally integrated.

#루버 #최적화 #창 #구조 #힘 #패턴 #시공

에이엔디
Louverwall

창틀에 브라켓이 가시처럼 박혀서 알루미늄 루버 511개를 지지한다. The bracket on the window frame is studded like a spine to support 511 aluminum louvers.

#루버 #향 #최적화 #빛 #개방성 #에너지효율 #패턴 #알고리즘

에이엔디
Louverwall

3mm 알루미늄 판을 절곡 후, 불소수지도장을 한 루버. 외관상 굉장히 얇게 보인다.
After bending a 3mm aluminum plate, the resulting louver is painted with a fluoropolymer. Apparently, it looks very thin.

#루버 #향 #최적화 #빛 #개방성 #에너지효율 #패턴 #알고리즘

에이엔디
Louverwall

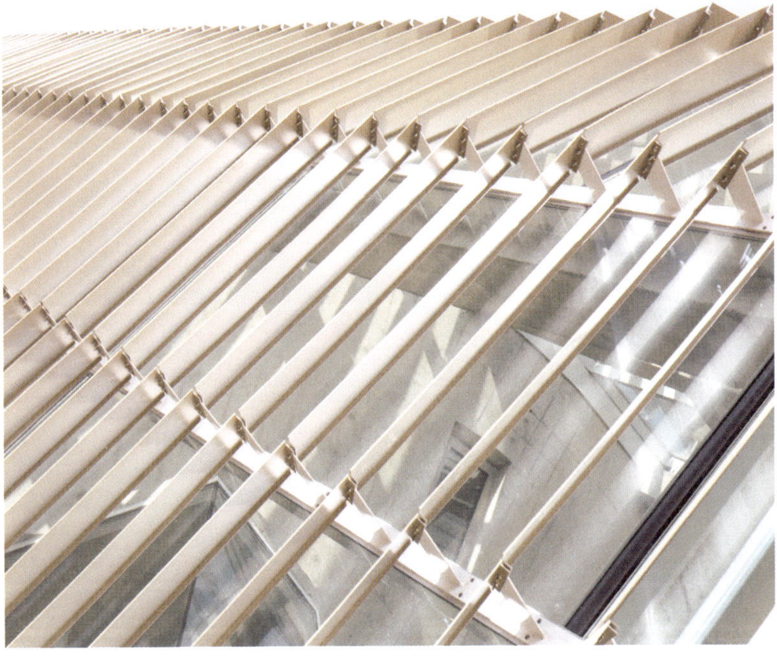

샴페인브라운 색상의 루버는 빛의 강도와 향에 따라 빛을 다양하게 반사하며 풍부한 느낌을 만든다. Champagne brown-colored louvers reflect light in varying degrees depending on the intensity and direction of the light, creating a rich feel.

#루버 #향 #최적화 #빛 #색 #알루미늄 #패턴 #반사

에이엔디
Louverwall

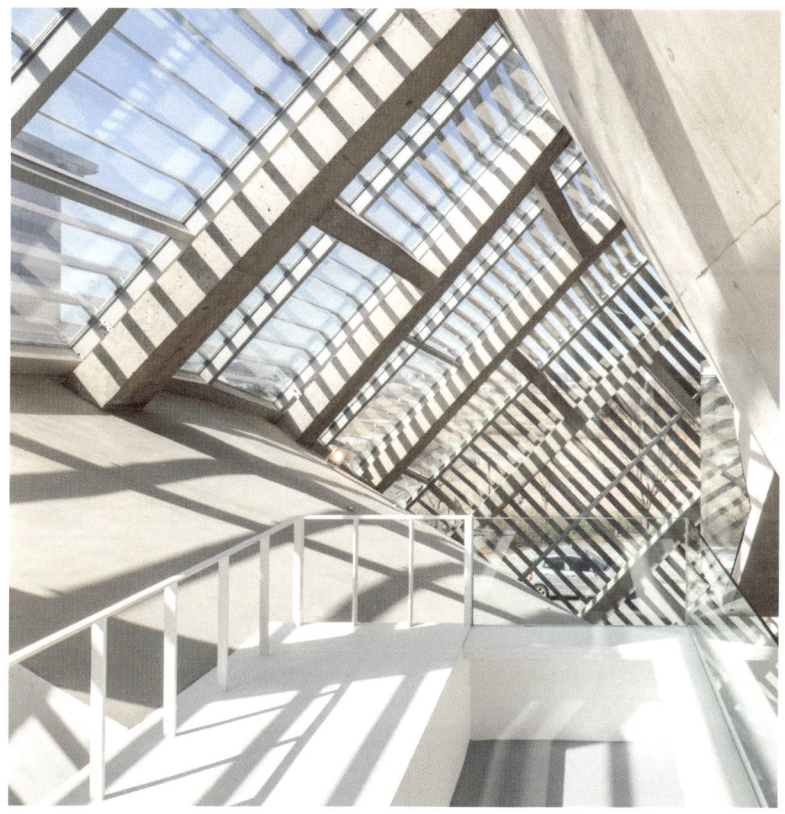

하루 종일 변화하는 빛과 그림자는 내부에 끊임없이 흐르는 시각적 음악을 만든다.
Light and shadows that change throughout the day cause visual music that constantly flows inside.

#루버 #향 #최적화 #빛 #개방성 #에너지효율 #패턴 #그림자 #shinkyungsub #경섭신 #신경섭

에이엔디
Louverwall

남쪽 하늘과 서쪽 전면으로 열린 개방적인 외피, 그러나 과도한 일사량의 내부 유입을 차단하는 루버가 입면을 구성한다. The skin is open to the southern sky and the western front, but the louvers that block the excessive inflow of solar radiation constitute the fa ade.

#루버 #향 #최적화 #빛 #매스 #조도 #개방성 #에너지효율 #그림자 #패턴 #shinkyungsub #경섭신 #신경섭

에이엔디
Louverwall

저녁에는 내부에서 빛이 번져 나와서 실내가 거리를 밝힌다. In the evening light emanates from the inside and illuminates the street.

#루버 #향 #최적화 #빛 #매스 #조도 #개방성 #조명 #그림자 #패턴 #shinkyungsub #경섭신 #신경섭

에이엔디
Louverwall

1층 카페 내부 깊숙히 적절히 조율된 주광이 들어온다. There is properly tuned daylight inside the caf on the first floor.

#루버 #향 #최적화 #빛 #매스 #조도 #개방성 #에너지효율 #shinkyungsub #경섭신 #신경섭

에이엔디
Louverwall

빛과 루버가 만들어 내는 그림자는 카페의 벽과 바닥에 끊임없이 변하는 패턴을 만든다. The constantly changing shadows created by light and the louvers make patterns on the walls and floors in the cafe.

#루버 #향 #최적화 #빛 #매스 #조도 #개방성 #에너지효율 #그림자 #패턴 #shinkyungsub #경섭신 #신경섭

에이엔디
Louverwall

금속으로 제작된 의자와 테이블의 재질감과 곡선은 건물과 일체감을 준다. The texture and curves of the metal chairs and tables give a sense of unity with the building.

#루버 #향 #최적화 #빛 #조도 #개방성 #가구 #그림자 #패턴 #shinkyungsub #경섭신 #신경섭

에이엔디
Louverwall

빛이 들어오는 방향에 따라 루버의 밝기와 색상은 지속적으로 변한다. The brightness and color of the louvers constantly changes depending on the direction of light coming in.

#루버 #향 #최적화 #빛 #조도 #개방성 #에너지효율 #그림자 #패턴 #shinkyungsub #경섭신 #신경섭

에이엔디
Louverwall

전망과 채광이 가장 유리한 남서측 방향의 입면은 내부가 투명하게 보인다. The inside of the southward facing facade, which has the most favorable view and light, is seen as transparent.

#루버 #향 #최적화 #빛 #매스 #개방성 #에너지효율 #그림자 #패턴 #shinkyungsub #경섭신 #신경섭

에이엔디
Louverwall

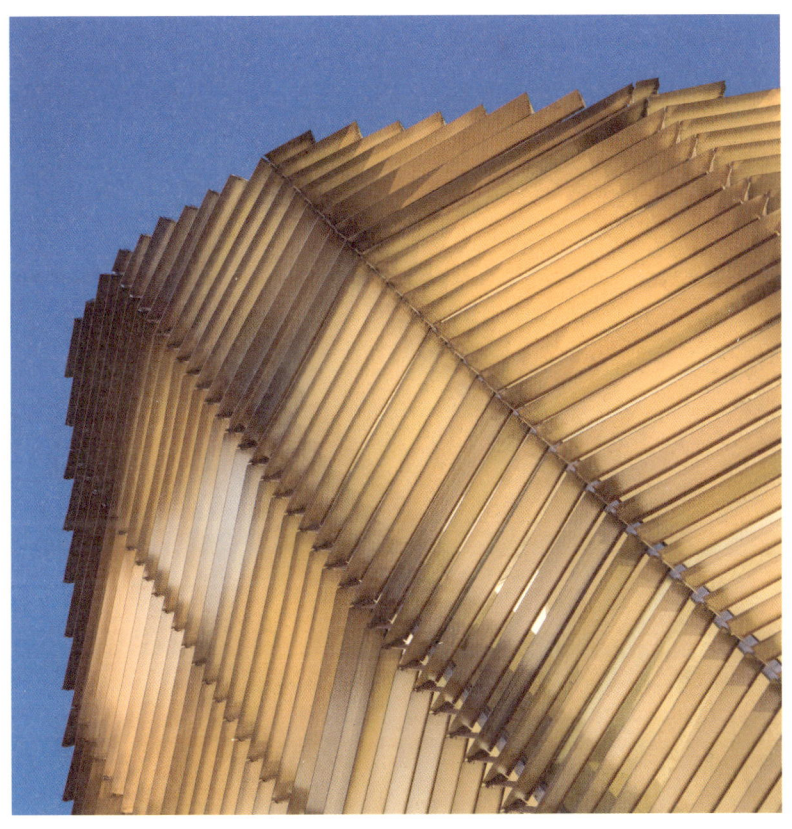

밤이 되면 루버는 빛의 디퓨져로 변한다. At night, the louvers turn into a diffuser.

#루버 #최적화 #빛 #디퓨져 #조명 #그림자 #패턴 #shinkyungsub #경섭신 #신경섭

에이엔디
Surfiasm

대지에서 바라본 풍경. 산과 물, 나무 그리고 하늘… 자연에 직선은 없다. Landscape from the site, mountains, water, trees, and sky…There is no straight line in nature.

#풍경 #지형 #경사 #자연과_건축 #비정형 #토폴로지

에이엔디
Surfiasm

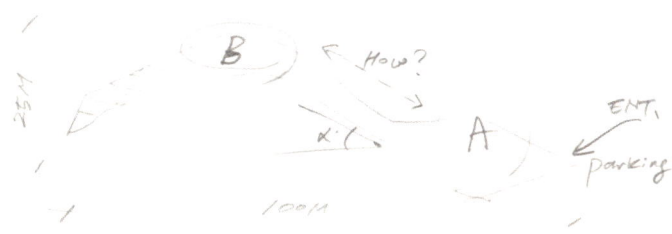

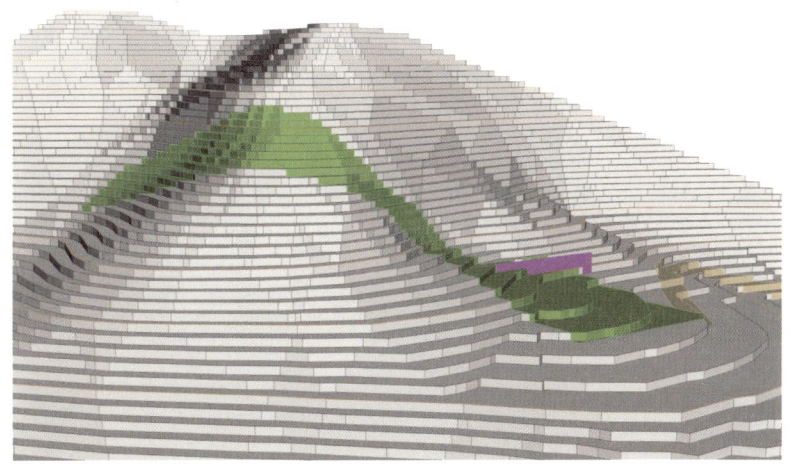

급한 경사에 긴 대지. 여기에 두 동의 건물을 짓는다. 어떻게 두 동이 놓이고 연결되며, 자연과 공존할 것인가? We are going to build two buildings on a long site on a steep slope. How will the two buildings be placed, connect, and coexist with nature?

#토폴로지 #지형 #경사 #비정형 #자연과_건축

에이엔디
Surfiasm

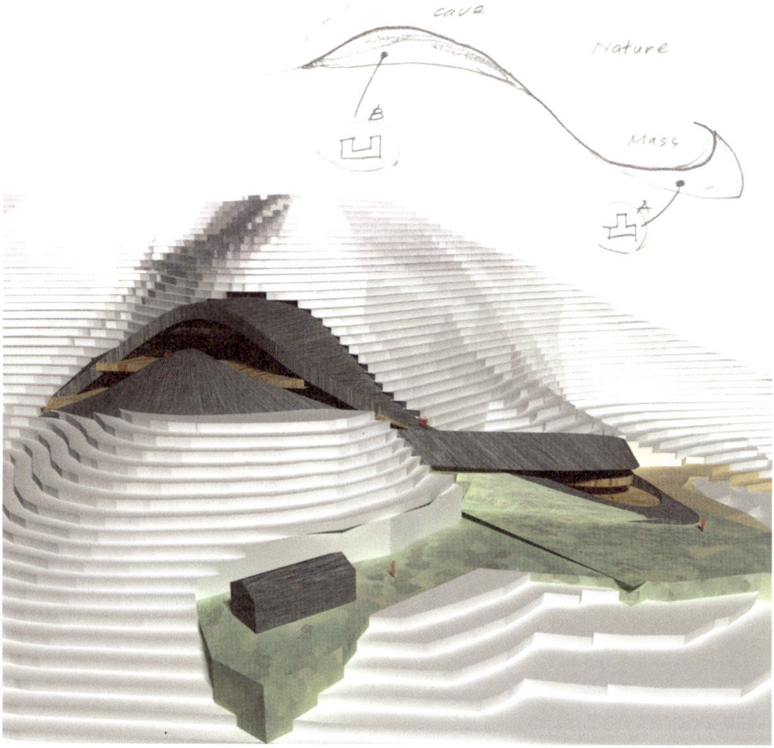

바깥채는 돌출된 양각의 매스를, 안채는 산의 능선을 동굴처럼 파고들어 음각된 공간을 만든다. 건물 전체를 연결하는 완만한 곡면이 중간에 교차한다. The outer building is a protruding embossing mass, while the inner building pits like the cave of a mountain ridge to create an engraved space. Gentle curves connecting both buildings intersect in the middle.

#토폴로지 #지형 #경사 #비정형 #자연과_건축 #경계 #음각 #양각 #동선

에이엔디
Surfiasm

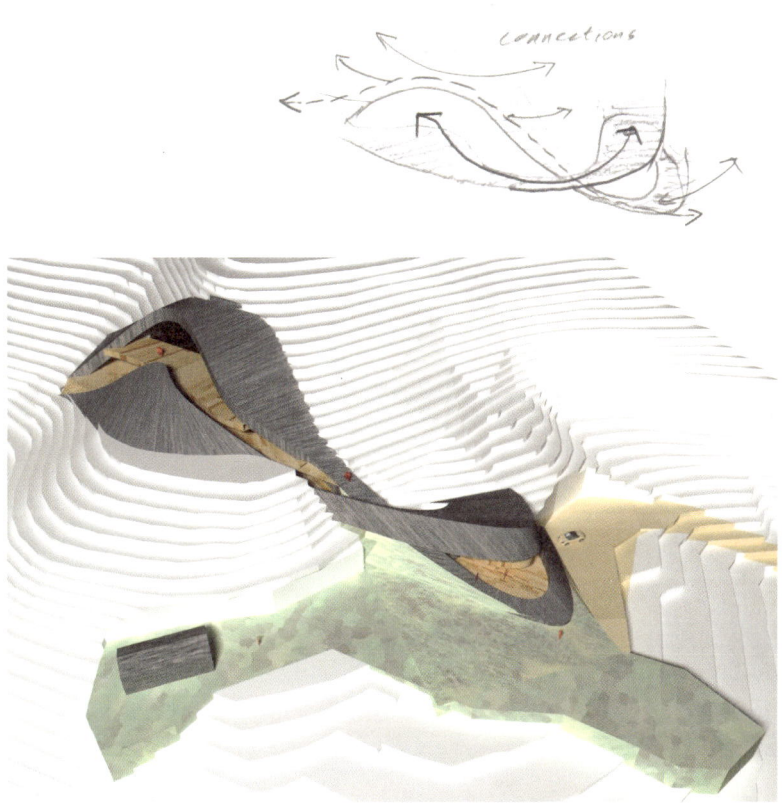

지형의 일부인 듯 묻혀 있다가 돌출하는 곡면의 변화가 다양한 동선을 만들고, 자연과 건물을 연결시킨다. The change in the curved surface that protrudes as if it is a part of the topography makes various traffic routes and connects the buildings with nature.

#토폴로지 #지형 #경사 #비정형 #자연과_건축 #경계 #음각 #양각 #동선

에이엔디
Surfiasm

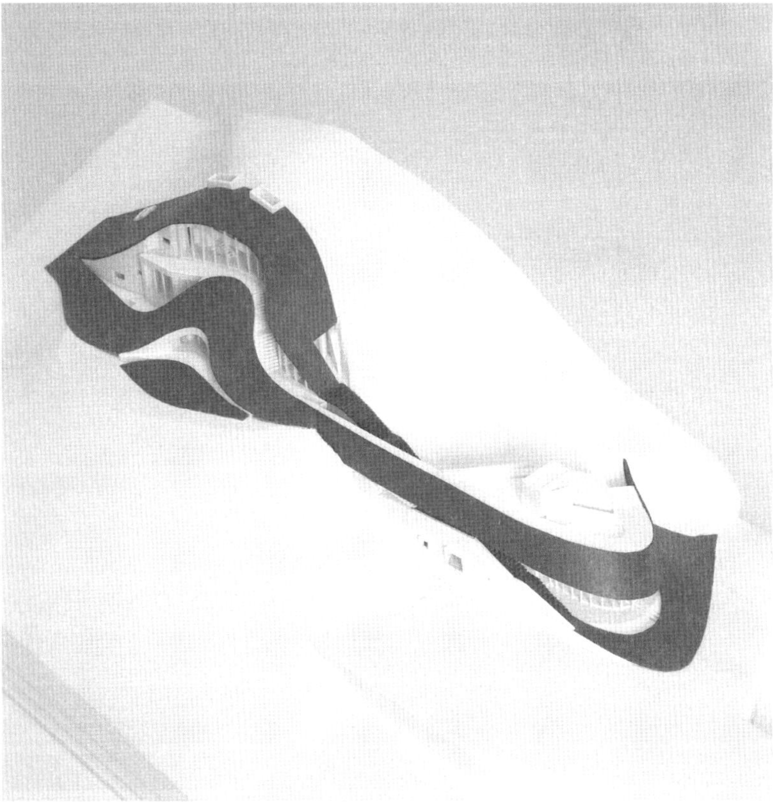

급경사의 지형을 조정하며 건물이 완만한 산책로를 만든다. 자연의 일부처럼. By adjusting the terrain of the steeple, the buildings make a gentle walkway. The change in the skin that is carried as a part of nature and deviates from it defines the character of the inner space.

#토폴로지 #지형 #경사 #비정형 #자연과_건축 #경계 #음각 #양각 #동선

에이엔디
Surfiasm

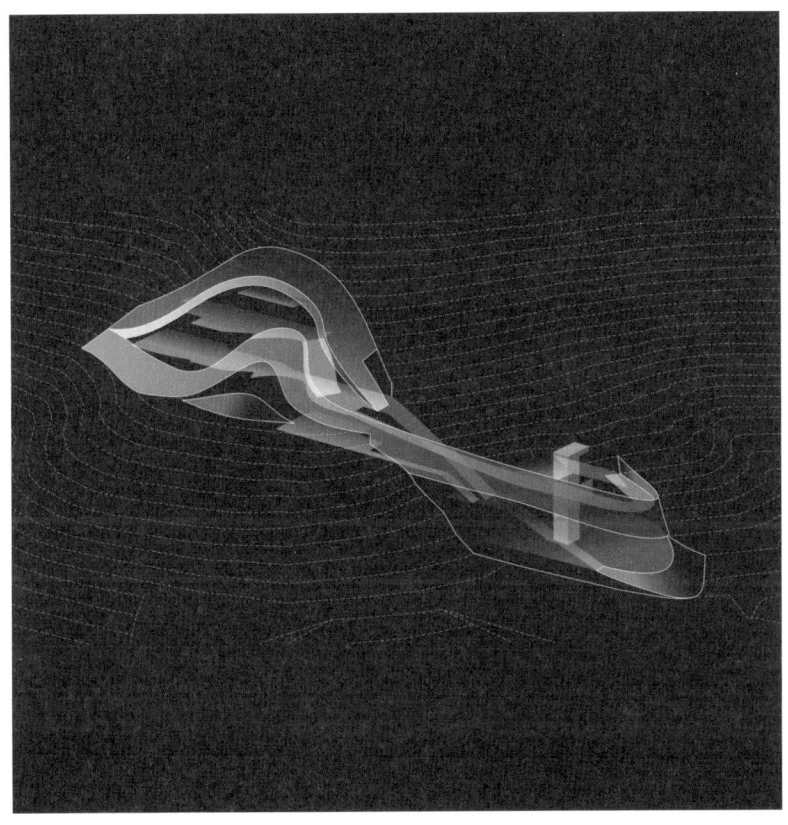

양각의 공간과 음각의 공간은 다양한 레벨에서 내부공간을 발생시킨다. 산책로를 따라 내부공간 여기 저기로 연결된다. Embossed and intaglio areas generate internal space at various levels. Along the walkway, it connects to the inner space here and there.

#토폴로지 #지형 #경사 #주택 #자연과_건축 #음각 #양각 #동선 #공간

에이엔디
Surfiasm

건물의 외피는 마치 자연지형의 일부처럼 부드럽게 경계를 연결한다. The skin of the building gently connects to the boundary as if it were part of a natural terrain.

#토폴로지#지형 #경사 #주택 #자연과_건축 #음각 #양각 #경계

에이엔디
Surfiasm

지형에서 돌출한 곡면의 외피는 건물의 주진입구와 바깥채 내부공간을 만든다. The skin of the curved surface protruding from the terrain forms the main entrance of the building and the interior space of the outer building.

#토폴로지 #지형 #경사 #자연과_건축 #양각 #입구 #공간

에이엔디
Surfiasm

다양한 레벨과 물의 배수를 이용하여 수공간을 만든다. A number of spaces are created by using various levels and water drains.

#토폴로지 #지형 #경사 #자연과_건축 #산책로 #수공간

에이엔디
Surfiasm

외부 곡면의 마감은 두께 30mm, 폭 300mm 마천석을 이용한다. The finish of the outer curved surface is 30mm thick and 300mm wide.

#비정형 #외장재 #곡면 #패턴

 에이엔디
Surfiasm

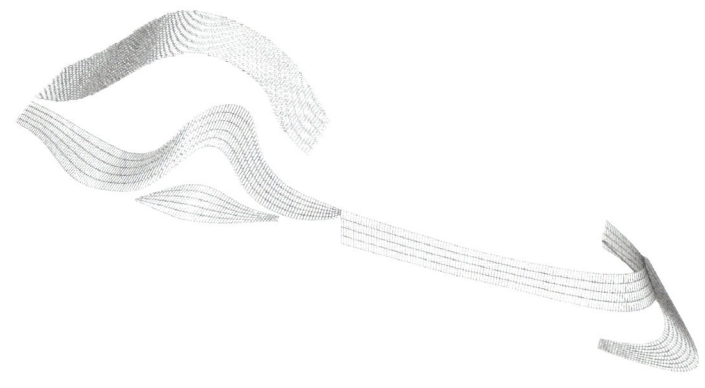

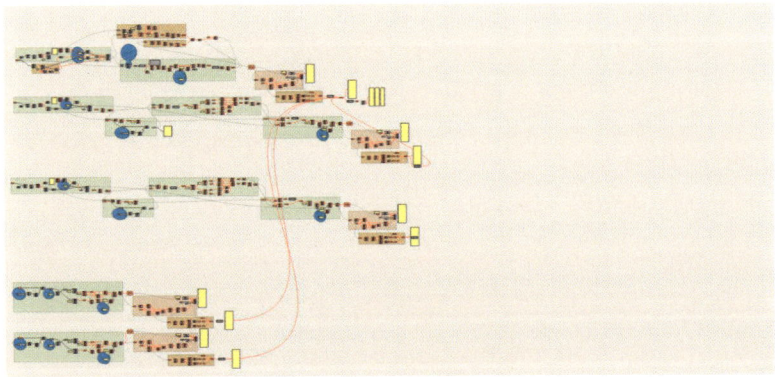

어떻게 비정형의 곡면에 사각의 판석을 붙일 것인가? 복잡성에 대응하는 단순한 패턴을 만드는 알고리즘을 만든다. How can we put square flats on irregular curved surfaces? An algorithm will be devised to create a simple pattern corresponding to the complexity of the surface.

#비정형 #패턴 #곡면 #복잡성 #단순화 #판석 #규칙 #알고리즘

에이엔디
Surfiasm

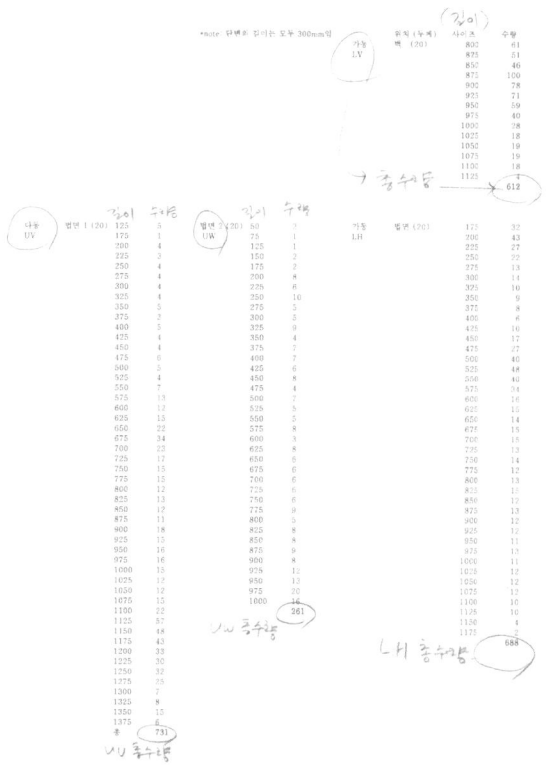

동일한 폭에 길이가 25mm 단위로 변화되면서 전체의 곡면을 마감할 수 있는 석재 수량을 산출한다. The amount of stone that can be used to finish the entire curved surface while changing the length of 25mm to the same width will be calculated.

#비정형 #패턴 #복잡성 #단순화 #판석 #규칙 #알고리즘 #수량

에이엔디
Surfiasm

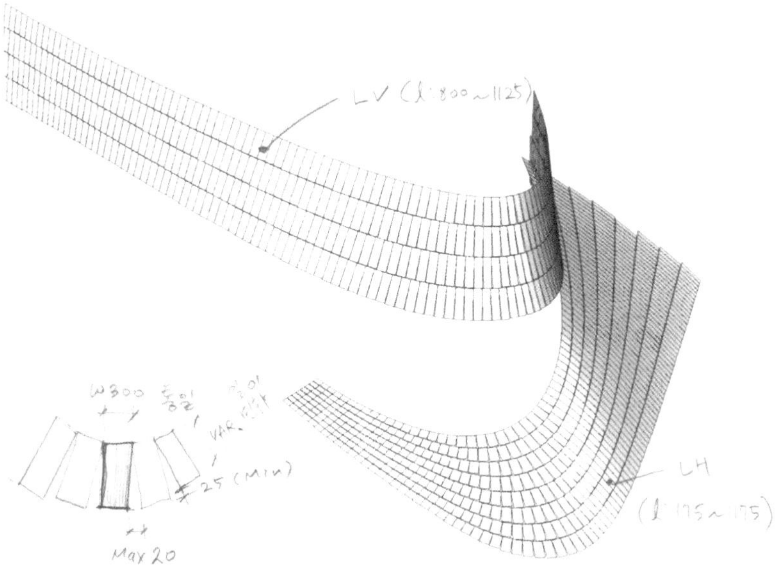

판석 간의 최대 이격 거리를 20mm 이하로 유지하면서, 비정형 곡면을 덮을 수 있는 패턴과 부재 크기를 찾는다. It is necessary to find a pattern and member size that can cover the atypical curve while keeping the maximum separation distance between the flagstones below 20mm.

#비정형 #패턴 #곡면 #복잡성 #단순화 #판석 #규칙 #알고리즘

에이엔디
Surfiasm

곡면에 사각형 판석이 매끄럽게 덮여 마감된다. The square flagstone is smoothly attached to the curved surface and finished.

#비정형 #패턴 #곡면 #복잡성 #단순화 #판석 #규칙 #알고리즘

 에이엔디
Surfiasm

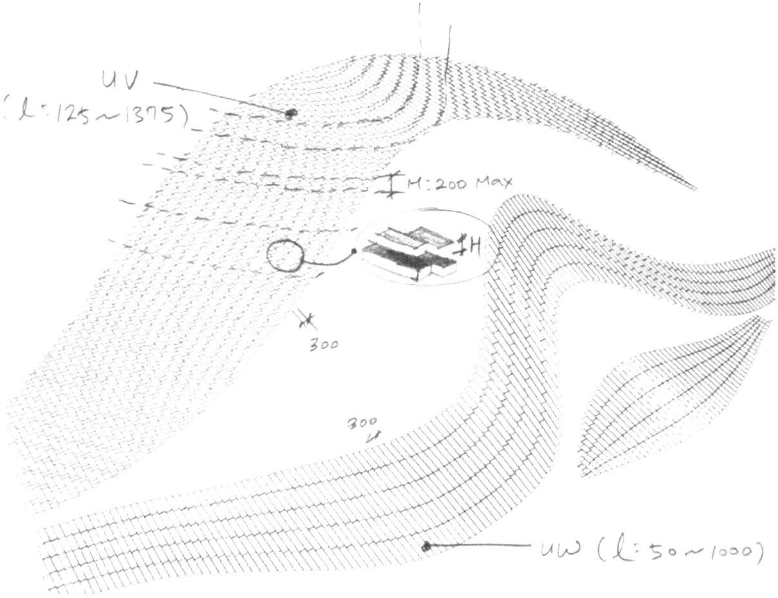

지붕의 곡면을 단 높이 200mm 이하의 계단으로 변형하는 알고리즘을 통해 형태가 변형된다. The shape is determined by an algorithm that deforms the curved surface of the roof to a step of 200mm or less in height.

#비정형 #패턴 #곡면 #복잡성 #단순화 #규칙 #알고리즘

에이엔디
Surfiasm

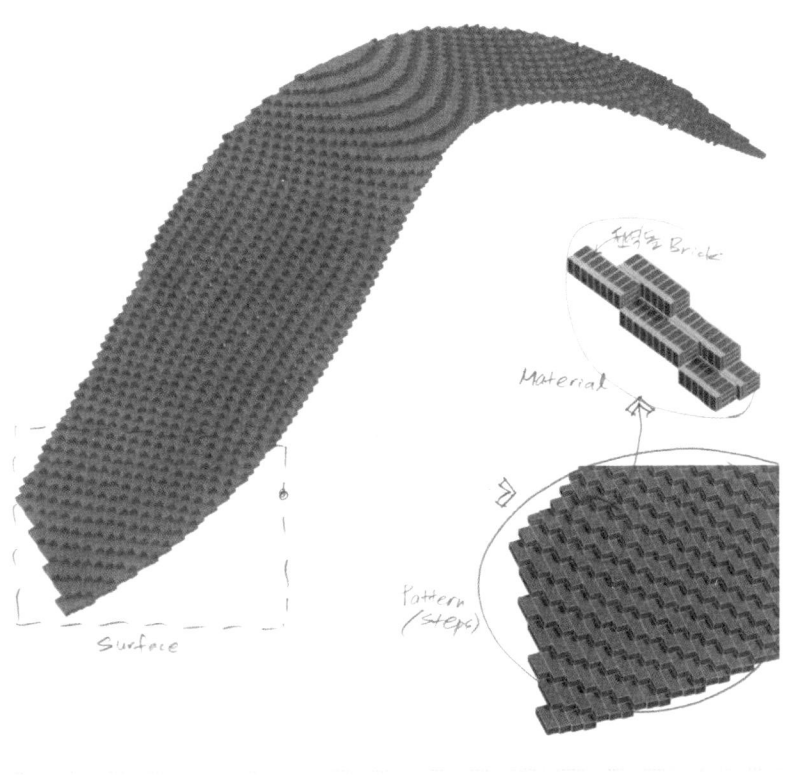

지붕의 곡면을 계단 패턴으로 그리고 벽돌 쌓기로 확대하여 구축 가능하게 변환한다.
The curved surface of the roof is converted into a staircase pattern and is expanded to hold stacked bricks for construction.

#비정형 #패턴 #곡면 #복잡성 #단순화 #벽돌 #규칙 #알고리즘

에이엔디
Surfiasm

벽돌이 모여 계단으로 그리고 곡면으로 커져 주변 지형과 연결된다. Bricks grow together into stairs and curved surfaces to link to surrounding terrain.

비정형 #패턴 #곡면 #복잡성 #단순화 #벽돌 #규칙 #알고리즘

에이엔디
Surfiasm

합판으로 곡면의 거푸집을 만들고 콘크리트를 타설하여 구조체를 만든다. Form a curved surface with plywood boards, and construct concrete to form a structure.

비정형 #패턴 #곡면 #복잡성 #구조 #콘크리트

에이엔디
Surfiasm

곡면의 천정에 목재로 천정틀과 커튼박스를 만든다. The ceiling of the curved surface is made of wood and a curtain box.

비정형 #패턴 #곡면 #복잡성 #단순화 #목재 #규칙 #선

에이엔디
Surfiasm

처마 선을 따라 주요 외장재, 즉 판석과 목재가 마감된다. Along the eaves line, major exterior materials, i.e. planks and wood, are finished.

건축 #공사 #지형 #석공사 #목공사 #석재 #외장재

1 Preface

2 Made in Digital

3 Round-Table

| 녹취록

▶  ▷

▶
- 김명규_마실와이드 대표, 월간건축문화 편집장
- 신창훈_운생동건축사사무소 소장
- 이명식_동국대학교 건축학과 교수, (사)한국건축설계학회 회장
- 정의엽_에이앤디 소장
- 이정훈_조호건축 소장

▷
- 양수인_삶것/Lifethings 소장
- 김성욱_아주대학교 건축학과 교수, aDlab+ 소장
- 전유창_아주대학교 건축학과 교수, aDlab+ 소장
- 국형걸_이화여자대학교 건축학과 교수, HG-Architecture 소장
- 박정대_경기대학교 건축학과 교수

이명식: 지금부터 Made in Digital(메이드 인 디지털) 전시를 위한 좌담회를 시작하려고 한다. 오늘 자리는 전시 작가들을 특별히 초빙해달라는 요청이 있어 마련된 자리이다. 오늘 자리의 사회를 보며 전시에 대한 좋은 이야기, 한국 건축계의 발전을 위한 이야기를 이끌어가려고 한다. 일단 좌담회 초안에서 언급했던 내용을 다시 읽어보고자 한다.

"디지털 기술이 건축 활동의 일상으로 파고 들어옴에 따라 건축과 건축물을 둘러싼 산업은 혁신적으로 변하고 있다. 이러한 21세기 기술적 혁신과 변화하는 건축의 현재와 미래, 우리에게 다가오는 건축적 가치와 잠재성에 대해 동시대 건축가의 입장에서 논의를 해보고자 한다."

이번 전시에는 다섯 가지의 키워드가 제시되었다. Formative Process, Material Process, Constructive Process, Interactive Process, Collaborative Process. 이번 전시에서 다섯 가지의 키워드가 확실하게 드러나는 것 같다. 각자 갖고 있는 역량을 다 보여주는 것 같다.

신창훈: 이번 전시의 기획의도나 다섯 팀의 작가 선정 배경에 스토리가 있을 것 같다. 오늘 만나서 나누는 화두에 대해서도 듣고 싶다.

전유창: 간단하게 기획에 대해서 이야기하고자 한다. 좌담회 초안은 국형걸 교수가 다듬었다. 또, 메이드 인 디지털이라는 주제는 내 아이디어로 기획을 했다. 한국에서는 디지털 건축 전시가 많이 진행되지 않았기 때문에 작가를 모아 디지털 건축에 대한 이슈를 담아보고자 했다. 지금은 디지털이라는 것이 매우 보편적이다. 학교에서도 디지털 툴을 사용하고 있다. 실제 기성 건축가도 디지털 툴을 활용한 작업물을 만들고 있다. 그러나 만들어진 작업물을 되돌아볼 기회가 없었던 것 같다. 디지털 자체가 시각적인 것에 많이 머물러있는 것 같다. 그래서 디지털로 만들어낸 것들에 대해 조명하고 만들어내는 과정에 대해 다뤄보고자 했다. 건축가가 디지털로 만들어낸 것에 대해 고민을 하다가 전시 작가들을 선정하게 되었다. 큰 스케일, 작은 스케일, 공공건물, 개인건물, 프로그램, 만드는 방식, 재료 등에 대한 다양한 측면을 고려해 작가를 섭외했다. 처음에 전시를 기획하고 주제를 만들 때는 작가가 가지고 있는 개성을 생각했다. Formative Process의 경우 정교화된 형식은 아니지만 정형화된 폼이나 형태를 가지

고 작업하는 작가를 생각했다. 그래서 철제를 몰딩해 파빌리온 작업을 했던 경험이 있는 국형걸 교수를 염두했다. 또, Interactive Process는 건축을 매개로 해서 사회적인 관계를 만드는 장치를 만들었던 양수인 소장의 작업물을 생각했다. 양수인 소장의 작업에는 사회적인 이슈가 담겨있다. 키네틱 건축과 다르게 사회적인 관계를 엮어주는 건축을 생각했다. 조호건축의 이정훈 소장은 일반 건축에 다양한 재료를 다루고 있다. 철부터 벽돌까지 현실적인 건물인데 다채로운 재료를 사용하기 때문에 Material Process에 관련된 노하우가 있을 것이라고 생각했다. 정의엽 소장은 설계를 하면서 직접 현장에 다니는 것으로 유명하다. 현장에서 직접 디지털을 이용해 복잡한 형상이나 아이디어를 구현하고 있다. 그래서 Constructive Process 작가로 선정했다. aDlab+의 경우 학생들과 함께 방학 기간동안 디지털을 이용해 파빌리온을 구현한다. 서로 아이디어를 공유하고 컴퓨터 알고리즘과 파라매트릭을 이용해 파빌리온을 시공하는 작업을 했다. 같은 재료지만 디지털을 통해 다양한 방식으로 파빌리온을 구현했다. 협업하는 과정에서 디지털 기술을 사용하기 때문에 Collaborative Process로 참여했다. 이것이 전시의 시작이 되었다. 이렇게 모아 놓고 보니 많은 부분에서 공통적인 부분을 찾을 수 있었다. 또, 전시 포맷을 기획하던 중, 그 과정이 모두 오버랩 된다는 것을 알 수 있었다. 그래서 그 경계를 뚜렷하게 나누는 것이 아니라 오버랩 시키면서 자신의 작품을 보여주는 것이 좋겠다고 생각해 이러한 방향으로 전시를 진행하려고 한다.

이명식: 다섯 팀의 각각의 역할이 키워드에 녹아 있는 것 같다. 디지털의 역할이 과정에서 중요한 역할을 하고 있고 그것이 표출되는 관점에 따라 각각의 작품성이 나타난다고 생각한다. 각각의 키워드가 강조하는 부분에 대해 디지털적으로 어떤 역할을 하는지 이야기를 나누었으면 좋겠다. 먼저 국형걸 교수의 Formative Process에 대한 이야기를 듣고 싶다.

국형걸: 이번 전시에 참여하신 다섯 분 모두가 정해진 다섯 가지의 전시 카테고리에 속한다기 보다는 전반적인 것에 해당될 것이다. 개인적으로는 이번 전시와 출판 자체가 디지털의 과정(Process)에 초점을 맞췄다는 것이 무척 흥미롭다. 기존의 디지털을 보는 시각은 보통 결과에 집중했다. 또, 디지털 건축은 독특한 형태에만 집중되었다. 과정보다 시각적으로 보이는 결과물만 가지고 정형, 비정형을 구분하고 어떤 툴을 사용했을 지 이야기하는 것이 무척 아쉬웠다. 디지털로 만들어내는 결과물의 형태가

어떤 것인지 보다는 그 과정을 만들어가는 알고리즘도 하나의 디자인이라고 생각한다. 모든 것이 연관되어 있는 이야기라고 생각한다. 그러나 건축은 3차원적인 형태나 구조와 같은 결과물이 나와야 하는 것이기 때문에 결과물 자체를 부인하는 것은 아니지만 과정에 있어서 디지털은 하나의 효율적인 도구이고 Design knowledge로서의 기능도 있다고 생각한다. 디지털은 디지털 툴로 만드는 지오메트릭이나 기하학같은 추상적인 결과물이 아니라 Design knowledge로서 결과물이고, 단지 그림이 아니라 실제로 만들어지는 과정까지도 예상할 수 있는 도구라고 생각한다. 솔라파인(Solar Pine)이라는 작품은 자연은 자연 그대로의 섭리를 따라 만들었다. 구조물은 태양광 발전 조형물로써 자연의 질서와 원리에 최적화되어 나타나는 솔방울의 기하학적 패턴과 형상에서 시작되어 첨단 디지털 패브리케이션을 통하여 하나의 자연적 생명체로서 휴게공간을 구현했다. 전체 구조물은 크게 기하학적 패턴의 지붕 구조과 이를 받치는 파이프 구조, 그리고 이들의 연결로 구성된다. 지붕 구조물은 태양광 패널 장착과 전기 배선을 고려하여 계획된 쉘 구조의 조립식 모듈 시스템으로 구성했다. 이를 받치는 파이프 구조는 나무 넝쿨과 같이 서로 엮이며 지탱하는 방식으로 수직부재 없이 2차원 아크로써 3차원 구조체를 구현했다. 설치와 조립은 프리 패브리케이션의 방식으로 모든 부재는 모듈별로 공장 제작, 현장 볼팅 조립으로 현장작업을 최소화하여 시공의 효율성을 최적화할 뿐만 아니라 구조체의 기하학적 형태가 갖는 구조미를 극대화할 수 있다. 이 프로젝트는 현재 완성도를 겸비한 하나의 상품으로써 시장진출 중이며, 업그레이드한 버전도 개발하고 있다.

다이나믹 릴렉세이션(Dynamic Relaxation)프로젝트는 올림픽공원에 설치했던 작품이다. 이 작품은 사람들에게 역동성과 편안함을 동시에 체험하게 해주는 생활체육 공공 구조물이다. 사방으로 개방되어 주변의 아름다운 녹지를 받아들이고, 공원의 자연스러운 선형적 흐름과 지형적 흐름을 담아 유기적인 공간을 구성한다. 단순히 심미적 관점을 넘어 사람들이 직접 만지고 올라타고 휴식하고 체험하는 공간을 제공한 프로젝트였다.

스마트 모듈(Smart Module)은 하나의 장소 혹은 하나의 건물을 위한 디자인이 아닌, 하나의 프로토타입형 모듈로써 어디에도 적용 가능한 외피 시스템 개발을 목표로 했다. 또, 디지털 디자인 기술과 차세대 첨단 제작기술의 조합으로써, 작은 조형물에서부터 건물의 인테리어, 파사드, 도시 인프라에 이르기까지 다양한 스케일의 공간에 맞춤형 대량생산으로 적용 가능한 양산형 스틸 모듈을 개발하고자 하였다. 긴 개발과정을 거쳐 완성된 스마트 모듈은 최근 여러 프로젝트에 응용되기 시작하였다. 현재는 다른 여러 프로젝트에 응용되어 적용 준비 중에 있다.

이명식: 작품의 의도는 다섯 가지의 키워드로 표출되었다고 생각한다. 작가 개개인이 보여주고자 하는 개성이 디지털이라는 툴에 의해서 묻힐 수도 있다고 생각한다. 일반적으로 프로젝트를 진행한 도구나 프로그램을 궁금해하는 사람이 많을 것이다. 하지만 디지털 건축은 프로세스가 더 중요하고 작품을 바라봐야 하는 관점이 달라야 한다고 생각한다. 이 전시를 통해 그 관점에 대한 이야기를 전달하면 좋을 것 같다.

신창훈: 나는 디지털을 전문적으로 배우지도 않았고 심도 있는 고민도 하지 않았던 것 같다. 먼저, 건축에서 디지털의 범위가 어디까지 인지 생각해봐야 한다. 내가 하는 작업도 그렇고 여기 있는 작가들의 작품을 보면 전 세대의 건축가와는 차이가 있다. 정확하게 이론적으로 설명할 순 없지만 생활방식이나 생각하는 체계 자체가 다른 것 같다. 그 체계가 달라지는 지점이 어디인지 생각해보면 그 지점이 바로 디지털로 가는 지점이지 않을까 생각한다. 여기 있는 작가들은 건축을 베이스로 파빌리온이나 설치미술에 대한 관심이 높다. 단순히 캐드나 모델을 만들어서 결과물을 만드는 기존 방식이 아니라 어떤 방법으로 결과물을 구축하고 디자인 아이디어를 표현할지 고민하면서 다른 방식의 시스템이 생성된 것이다. 현장에서 최대한 빨리 습득하고, 표현하고, 교감한다. 이런 면에서 여기 있는 작가들의 작업 방식과 결과물이 만들어지는 과정에 대한 이야기를 듣고 싶다.

이명식: 디지털이라는 것은 건축이 수용하는 사회적인 변화를 대신해하는 매개체라고 생각한다. 건축 디자인 자체가 변화하고 있다는 것을 여기 있는 작가들이 보여주는 것 같다. 또, 어디로 튈 지 모르는 건축 설계의 경계를 제시하기도 하고 작품이 다양하게 표출될 수 있도록 도와주는 역할을 하기도 한다. 전통적인 건축 설계를 바라보는 관점과 영역, 결론에 대한 부분을 넘어서는 접근이라고 볼 수 있는 것이다. 다음은 Interactive Process에 대한 사회적 이슈와 소통, 접근법에 대한 이야기를 듣고 싶다. 사회적 이슈와 건축 디자인의 관계에 대한 이야기를 할 수 있을 것 같다. Interactive Process는 주관자와 객관자(속해 있는 사람과 속하지 않은 사람) 입장에서 이야기해

도 좋을 것 같다. 설계자가 의도한 것과 사용자가 해석한 것이 다를 수 있는 것이 Interactive 건축이다. 작품에 대한 의도에 대해 이야기해주면 좋을 것 같다.

양수인: 나는 LED 센서나 벽돌이 크게 다르다고 생각해 본 적이 없다. 필요하면 뭐든 사용할 수 있다고 생각하는 편이다. 파빌리온이나 설치미술, 건물을 만들 때 원한다면 상황에 맞춰 인터랙티브(Interactive)한 시도를 할 수 있다고 생각한다. 지금 세대는 이런 다양한 시도를 할 수 있는 세대이다. 우리가 이런 작업을 쉽게 할 수 있는 이유는 컴퓨터를 쓰는 세상이기 때문이다. 전시의 제목인 'Made in Digital'이 처음엔 어색했는데 생각할수록 재미있는 제목인 것 같다. 컴퓨터를 많이 쓰고 디지털로 사고하는 세대로서 굉장히 큰 간극을 보게 된다. 이러한 간극을 대변하는 제목이라고 생각한다. 유튜브가 있기 때문에 일반인도 이제는 전문적인 수준으로 영상을 만들 수 있게 된 것처럼, 지금 세대는 디지털 툴을 많이 사용하기 때문에 직원이 5~6명 정도인 소규모 사무실에서도 디지털 툴을 통해 아주 전문적이진 않더라도 기본적인 구조 해석도 할 수 있게 되었다. 유튜브처럼 가능성이 넓어지고 정보 역시 민주적으로 습득할 수 있게 되었지만 동시에 더 전문적이고 비싼 소프트웨어가 생기고 전문적인 회사도 생기고 있다. 복잡한 서피스(면)의 패널을 따로 나눠주는 업무만 하는 회사 같은 것이다. 물론 우리가 할 수도 있는 일이지만 굳이 오랜 시간을 작업하는 것보다는 전문 회사에 맡기는 게 낫기 때문이다. 디지털 툴은 많은 가능성을 열어주지만 동시에 전문적인 부분을 막는 면이 있다. 건축은 결국 디지털이 물리적인 세계로 옮겨가야 하기 때문에 Made in Digital이라는 제목이 흥미롭게 느껴졌다. 디지털 세계에서는 만들 수 있는 것이 없기 때문이다. 디지털을 더 많이 접하게 될수록 디자인의 결과물이나 사고는 혁신적이 되지만 그 결과물을 물리적으로 구축하는 과정에서는 점점 더 많은 문제가 생기고 간극도 더 벌어질 것이다. 그렇기 때문에 실제로 만드는 기술 역시 같이 발전해야 한다. 이런 간극이 점점 더 벌어지면서도 간극이 없어지는 신기한 상황에 처해있다고 생각한다. 작은 사무실에서 실무를 하는 입장에서 어디까지 디지털을 사용해야 하는지, 어떤 부분에서 사용하지 않아야 하는지 궁금하다. 기존의 건축과 디지털 건축을 함께 익힌 세대로서 인터랙티브한 요소나 부품은 처음 써보는 다른 여느 재료와 비슷하다고 생각한다.

이번 전시에는 3가지 작품을 전시했다. 첫 번째 작품은 Gyroid Sculpture 라는 작품으로, 한 기업을 상징하는 조형물을 설계한 작업이다. 여러 방향으로 정면성을 같는 대지에 다각도에서 존재감을 부각할 수 있는 수직적인 조형물을 설계하고자 했다. 새로운 혁신으로 도약하는 POSCO라는 기업의 이념을 기념하면서도 안정적인 강철의 결정형태를 조형물의 구조원리로 재해석한 디자인을 제시했다. 또한, 최소한의 재료로 최대한의 강도를 확보할 수 있는 모노코크 바디 구조의 조형물을 엔지니어링한 작품이다. 단일표면이 일체화된 2차 곡면으로 구성되어 가벼우면서도 극대화된 힘을 발휘하는 구조를 채택한 작품이기도 하다.

원심림(遠心林)이라는 작품은 자연의 법칙에 근거하는 원심력과 중력을 담은 작품이다. 단일 모터의 간단한 기계적 동작을 통해 독립적인 제어 모듈을 갖는 작품으로, 바람이 과도할 때는 윈드 센서가 작동해 움직임을 차단하고 평소에는 쾌적하고 부드러운 산들바람을 제공하는 작품이다. 원심분리기에는 그 나름의 법칙이 있다. 바람이 과도하지 않을 때는 무작위로 펼쳐지거나 닫혀 끊임없이 변하는 그림자를 만든다. 이를 통해 방문객은 플랫폼과 벤치에서 휴식을 즐길 수 있다. 또, 주변에 설치된 모래와 작은 정원, 연못은 방문객을 그 곳에 더 머물 수 있게 한다.

위례주택은 벽돌을 쌓는 작업은 기준이 되는 모서리를 정확히 구축하고, 두 모서리를 연결한다는 느낌으로 그 사이의 면을 채워 가는 프로젝트이다. 위례주택 벽돌벽은 최하단이 지면과 평행하게 시작하되, 점차 웃는 입 모양의 지붕선을 따라 양 모서리가 올라가게 벽돌을 쌓아 올리는 방식이다. 이 복잡한 조적작업의 기준이 될 모서리에 배치될 600여개의 벽돌은 각기 다른 사면으로 잘려야 되는데, 로봇암에 일반적인 그라인더를 달아 벽돌을 재단함으로써 정확한 모서리를 확립하고자 했다.

신창훈: 우리가 할 수 있는 범위를 어디까지 한정 지어야 하는지, 할 수 있는 부분과 할 수 없는 부분에 대해서 답을 내릴 수 없다는 이야기가 무척 흥미롭다. 양수인 소장의 작품 중에 조각 같은 작품이 있다. 이 모듈이 어떻게 사용될 것인지 궁금하다. 건물이 되는건지 아니면 파빌리온이 되는건지, 아니면 실험 중인 작품인지 궁금하다.

양수인: 그 작품이 원래 고가의 조각물이었다. 작업하는 도중에 무산이 된 작품이다. 이 작품은 수년 전에는 고가의 소프트웨어를 사용해야 구현할 수 있는 모델이었다. 하지만 불과 몇 년 사이에 오픈 소스를 이용해서도 이 작품을 만들 수 있게 되었다. 오래 전에는 비싼 소프트웨어를 사용하더라도 그 소프트웨어를 사용하는 것이 굉장

히 어려웠다. 그러나 지금은 대학생 2명과 함께 작업을 했다. 그만큼 과정도 단순해 졌다는 말이다. 그 동안 많은 발전이 있었다는 것이다. 얼마 전에는 구조 사무실에서 어렵다고 했던 구조 해석을 우리가 직접 하기도 했다. 더 공부하면 더 복잡한 것도 할 수 있을 것 같다. 마음만 먹으면 할 수 있기때문에. 어디까지 직접 하는 것이 필요할지 더욱 고민이 되는 시점인 것 같다. 앞서 이야기 한 것처럼, 민주화되고 전문화되는 양극화를 누구나 직면하고 있다고 생각한다.

이명식: 간극에 대한 이야기는 디지털을 대변할 수 있는 이야기라고 생각한다. 건축 디자인과 디지털이 접목한 개념적 해석을 이번 전시에서 보여줄 것이다. 건축가는 결국 제작된 작품을 만들어 자기 개성을 보여주는 것이다. 얼마 전 한국건축설계학회에서는 김찬중 교수의 전시를 진행했었다. 김찬중 교수의 작품을 보면 디지털 툴을 많이 활용한다. 또, 디지털 툴을 통해 작품을 설명하기도 한다. 이번 전시에 참여한 작가들의 작품은 김찬중 교수의 디지털 툴과 어떤 것이 다른지, 어떤 관점으로 작품을 봐야 하는지 듣고 싶다.

이정훈: 개인적으로 시게루 반 사무실에서 일했던 경험이 있다. 그 사무실은 디지털을 전혀 사용하지 않는다. 그의 작품은 굉장히 복잡한 형태인데 다 모형으로 작업을 했다. 그런데 자하하디드 사무실에서 일 할 때는 모형 자체를 만들지 않았다. 손으로 만들 수 없는 모형이기 때문이다. 당시는 3D 프린터가 없었던 시기이기도 했고 이후에도 보편적이지 않았다. 내가 마지막으로 작업했던 프로젝트에서 겨우 작은 3D 프린터 모형을 만들어 볼 수 있었다. 이런 과정을 겪어보니 이제는 150명에서 200명 규모의 사무실이 과거의 400명~500명 규모의 사무실이 하던 일을 한다는 느낌이 든다. 디지털의 장점은 디자인의 자유로움은 당연하고 한 사람이 할 수 있는 일의 범위를 넓혀준다는 것이다. 그러나 설계 과정에서 그 범위가 넓어지고 과정이 자유로워진 것은 좋지만 공사 현장에서는 아직 어려운 점이 많다. 디지털로 구현한 것을 공사할 수 없기 때문이다. 설계 과정에서 디지털을 사용해 설계 수익을 남길 수 있는 구조는 만들어졌지만 그것과 공사 현장의 완성도에서 괴리가 너무 심하다. 아직 우리나라는 제대로 된 엔지니어링과 디테일을 해결할 수 있는 디자이너가 없고 현장은 아직도 주먹구구식이다. 원하는 디자인을 구현하기 위해서는 직접 부딪히는 방법 밖에 없다. 아이러니하게도 새로운 기술로 무장한 젊은 디자이너는 넘쳐나고 있는데, 우리나라 건축 산업은 아직 그만큼 발

전하지 않았다고 생각한다. 건축 산업 프로세스 자체에 문제가 있다. 낮은 설계비와 공사비에 대한 문제를 감수하지 않으면 더 이상 일을 할 수 없기 때문이다. 나 같은 경우는 직원 없이 혼자 일을 시작했는데, 그건 디지털의 힘이 크기 때문이었다. 물량 산출부터 디자인까지 디지털을 사용했다. 기본 도면을 놓고 3D를 구현해 현장에서 납품하는 형식으로 공사를 진행했다. 기존의 방식처럼 2D 작업을 거쳐 3D를 구현해 도면을 그리려면 직원이 필요한데 그렇게 되면 인건비가 발생한다. 그래서 나는 프리 드로잉을 작게 그리고 공사를 내가 콘트롤 할 수 있는 상황이 되면 아날로그 방식으로 현장에 가서 문제를 해결했다. 디자인을 어떻게 하는 것이 중요한 게 아니라 실제로 지을 수 있는 디자인을 하지 못하면 내가 하려는 건축을 할 수 없다는 생각을 했다. 그렇기 때문에 실제로 지을 수 있는 방법론을 찾는데 집중했다. 그래서 재료, 소재나 합리적인 가격 내에서 해결할 수 있는 반복, 현장 가공 등의 방법으로 디지털과 현실의 접점을 찾았다. 초장기에는 저렴한 재료를 어떻게 활용할 수 있을지 연구했다. 쉽게 구할 수 있는 재료로 현장에서 어떻게 효율적으로 공사를 할 수 있을지 직접 공정표를 작성했다. 어떻게 업무를 나눠야 할지 이야기하면서 현장 감독처럼 일을 했다. 벽돌집 같은 경우, 2D 도면과 3D 도면이 다 있었지만 현장에 계신 분들이 어떻게 작업을 해야 하는지 이해하지 못했다. 1m의 벽을 쌓아 놓은 것을 봤는데 내가 생각하던 방법이 아니었다. 그래서 다시 철거를 하고 내가 직접 벽돌을 쌓았다. 옆에서 지켜보고 공사를 진행했다. 지금까지의 Material Process를 이렇게 진행해왔다. 어떤 방식이든지 문제를 해결을 해서 건물을 지어야 했기 때문이다. 내가 사용한 재료는 고급 재료가 아니기 때문에 나에게는 디지털 자체가 굉장히 역설적이기도 하다. 답답하기도 하다. 디지털에서는 건축가가 할 수 있는 역량이 무궁무진하지만 한국 건축에서 그것을 실제로 구현할 수 있는 사람이 몇이나 될까 생각하면 굉장히 큰 좌절이 생기기도 한다. 아직까지는 건축가가 생각하는 모든 것을 현실적으로, 재정적으로 해결할 수 있는 환경이 아니기 때문이다. 그래서 굉장히 역설적이다. 지금 생각해보면 예전에는 어떻게 모든 것을 해보려고 했는지 모르겠다. (웃음) 후배 건축가가 내가 하던 방법으로 일을 하겠다고 하면 어쩌나 싶다. 건축가가 생각하는 혁신적인 디자인을 만들기 위해서는 건축 산업 자체의 메커니즘이 바뀌어야 한다. 그래야 우리가 하는 일이 꽃을 피울 수 있을 것이다.

 이번 전시에는 Endless Triangle, Pergola of The Club at NINE BRIDGES, Waffle Valley를 전시했다. Endless Triangle은 본 프로젝트는 건축가와

스틸 생산업체와의 콜라보레이션 작업으로 진행된 설치 구조물이다. 건축가가 철의 물성을 이용한 구조물을 만들고 새로운 철강제품을 구조적 디자인을 통하여 드러내는 것을 목표로 진행하였다. 제품의 프로모션을 위하여 설치하는 일정기간의 전시기간 동안 철구조물은 내부공간에 전시되며 이후에 건축가 안도 다다오가 디자인한 골프 클럽 야드에 영구히 세워지는 것으로 계획되었다.

클럽나인브릿지파고라(Nine Bridge Pergola)는 자연 그 자체로서의 속성을 지닌 '숨쉬는 파빌리온'으로 3차원 밴딩을 기반으로 한 비정형 건축물이다. 제주도 골프장의 현실적 여건상 서울근교의 공장에서 제작한 후 분해 후 다시 제주도로 운송, 재조립의 과정을 거쳐야하는 복잡한 과정을 거쳤다. 프로젝트에서 제시하는 파빌리온은 하나의 형태가 그 자체로서 구조와 설비이며 내외 공간을 구분 짓는 볼륨이다. 자연적 형상을 닮고자 하는 형상일뿐만 아니라 자연적 속성이 지닌 본질적인 요소를 담아내고 그것들을 기술적으로 구현해낸 건축적 자연을 의미하기도 한다.

Waffle Valley는 종이를 이용한 프로젝트다. 최근 종이가 지닌 재료적 특징을 이용해 그것이 지닌 구조적 약점을 보완하고 구축의 논리로 이를 재편함으로서 사뭇 다른 양상을 띄고 있다. 종이와 종이 사이에는 허니콤(Honeycomb)이나 격자형태 등 다양한 패턴의 구조적 보강재가 보완되어 다양한 두께외 강성을 지닌 구조적 부재로 재탄생하게 된 것이다. 이를 통해서 종이로 구축된 판형의 패널은 기존의 일반적인 골판형태의 종이가 지닌 강도를 넘어 다른 차원의 형태적, 구조적 변형의 가능성을 열어두게 되었다. Waffle Valley는 이러한 종이가 지닌 한계를 다양한 구조적 형태로 보완하여 종이의 다른 구축의 논리를 제안한 프로젝트이다. 허니콤 형태로 단면보강 된 종이 판재를 다시 구조적 강성을 지닌 Waffle frame으로 엮어 종이로 구축할 수 있는 최대한의 강한 형태를 만들고자 했다. 종이가 지닌 경량성과 손쉬운 구축성, 그리고 친환경성은 다른 어떠한 재료와 비교가 되지 않을 만큼 탁월하다. Waffle Valley는 이렇듯 약한 재료인 종이가 지닌 구조적 한계를 벗어나 새로운 공간 구축의 논리들을 제시해보고자 하였다.

박정대: 앞서 이야기했던 면 분할에 대해 이야기를 덧붙이고자 한다. 요즘은 기본적으로 소프트웨어에서 면 분할 기능을 제공한다. 그러나 몇 개의 유닛을 디자인하거나 곡률을 다르게 만들면 재료의 단가가 달라진다. 이런 경우, 아까 이야기했던

전문적인 업체가 필요해지기도 한다. 지금까지 곡면 형태를 면 분할해서 시공한 사례를 보면 그 흐름이 보이는 것 같다. 어떤 면에서는 민주적이기도 하지만 새로운 것을 만들어 처음 시도하는 부분은 조금 다르다고 생각한다. 그래서 앞서 이야기한 양수인 소장의 이야기에 무척 공감을 한다. 15여 년 전에 굉장히 이슈가 된 전시가 있었다. '디지털 텍토닉'이라는 전시였다. 당시만 하더라도 텍토닉과 디지털은 완전히 반대에 있는 단어였다. 그래서 더 이슈가 되었던 전시이기도 했다. 그런 면에서 이번 전시가 조금 아쉽기도 하다. 전시의 주제가 예상 가능한 것, 그리고 프로세스만으로 주제를 나눈 것은 조금 아쉽다. 인스타그램처럼 조금 더 핫한 이슈를 앞세워도 좋았을 것 같다.

김성욱: 디지털 건축을 일반 건축에서 분리하는 자체가 어떤 특이성을 필요로 하기는 하지만, 이것이 특이한 조형이나 혁신적인 가공기술만을 전제로 하는 것은 아니라고 생각한다. 물론 새로운 패러다임이 시작하는 지점에서는 항상 무리한 과시가 선행되기 마련이고, 프랭크 게리나 자하 하디드처럼 온전한 아날로그 방식으로 제안된 혁신적인 조형을 기술적으로 해결하는 과정에서 디지털 건축의 기수처럼 위치가 주어지기도 한다. 하지만 디지털 건축은 독특한 형태 보다 그 과정과 이를 생각하는 방식의 전환이 더욱 중요하다고 본다. 예를 들면, 예전에는 스케치 이후에 도면, 도면 이후에 재료, 디테일 등 시간적 흐름에 따라 설계가 이루어졌다면 이제는 시간의 흐름이 아무런 의미가 없으며, 모든 것이 뒤엉켜 진행된다. 설계가 시작되는 순간 모든 과정이 뒤엉켜 나타나며, 재료의 선택, 조합방식, 공정이 가장 선행되기도 한다. 이러한 지점에서 디지털 텍토닉이란 신조어가 자리잡는 것이 아닐까 한다. 또, 클라이언트와 SNS나 모바일을 이용해 지속적으로 소통과 피드백이 가능하다. 예전에는 도면을 직접 그렸기 때문에 실수를 허용하지 않았기 때문에 엄격한 도제 식 교육이 정당화되었지 모르지만, 지금은 실수를 해도 바로 수정할 수 있으며, 오히려 다양한 시뮬레이션을 위해 실수를 권장하기도 한다. 이런 것을 종합해보면 지금의 디지털 건축 은 어떤 프로그램을 얼마나 잘 쓰는지, 그 한계가 어디인지가 중요한 것이 아니라 마인드 자체를 바꾸는 것 같다. 교육자로서, 그리고 실무자로서 안타까운 것 중에 하나는 아직도 디지털 건축을 툴로 생각한다는 것이다. 내가 생각하는 디지털은 현대적인 디자인 프로세스를 이해하는 것이지 도구로서 얼만큼 잘 쓰느냐의 문제는 아닌 것 같다.

전시에 출품한 작품은 파빌리온 1, 2, 3이다. 세 개의 파빌리온은 모두 한

강 여의도 공원에 설치했다. 목재(Wood)와 디지털 디자인 기술을 이용해 도시 공공 공간의 편의성 증진과 경관에 활력을 제공하는 프로젝트였다. 파빌리온에 쓰인 각 주요 단면들의 연결은 부재 치수 및 제어점의 점진적인 변형에 따라 부드럽게 연결되어 전체적으로 완만한 곡선들을 만들어낸다.

어찌됐던 건축은 종이를 접는 것과 다르게 복잡한 프로세스로 얽혀 있고 수많은 단계와 사람이 투입되고 전문가도 여러 명이다. 디지털 기술의 발전이라는 것은 여러 단계의 프로세스의 효과적인 제어법과 최적화 과정을 포함한다. 우리가 작업한 파빌리온도 여러 가지의 요구사항을 반영하는 단순한 규칙 찾기 작업부터 진행했다. 명확한 규칙을 찾고 룰을 정한 뒤에 재료를 선택하고, 재료를 가지고 규칙적으로 움직이면서 형태를 단순한 규칙에 따라 시작 단계부터 마지막 단계까지의 시뮬레이션을 진행했다. 이렇게 하면 디테일이나 축조, 시공 작업을 맨 마지막에 하는 것이 아니라 디자인 계획의 첫 단계에서 생각할 수 있고, 프로세스를 유기적으로 최적화할 수 있기 때문에 더욱 더 효율적으로 작업할 수 있다. 또, 앞서 얘기한 것처럼 지금은 수정이 너무나 쉽기 때문에 누구나 아이디어를 낼 수 있고, 이를 쉽게 테스트해볼 수 있다. 또, 모든 참여자가 처음부터 디테일이나 시공 아이디어까지 공유할 수 있다는 것도 장점이다. 이런 과정을 통해 서로 교감할 수 있고 효율적인 결과물을 만들어 낼 수 있다. 그러나 같이 이 야기를 과정을 거치다 보니 정확한 디자인 크레딧을 나누는 것은 어렵지만, 이런 것도 또 하나의 오픈 소스를 만드는 과정이라고 생각한다.

이명식: 전통적인 디자인에서는 단계별로 표출했던 것을 동시에 표출할 수 있다는 것, 현장에서 모두 협력할 수 있다는 것이 모두 현대적인 변화를 대변하는 것이라고 생각한다. 결국 매개체로서의 디지털이 아니라 현대사회를 대변하는 것이 디지털인 것이다. 그리고 결국은 그것이 디자인인 것이다. 기존의 설계 스튜디오는 조건을 제시하고 그 조건에 대한 문제해결을 하는 과정을 가르쳤다면 지금의 디지털 스튜디오에서의 교육은 어떤 지 비교해서 이야기 나누면 좋을 것 같다.

전유창: 여기 계신 분들이 대부분 스튜디오 강연을 하실 것 같다. 대부분 문제점을 제시하고 그 문제점을 해결하는 전통적인 건축 교육 방식을 추구하고 있다. 그러나 디지털 디자인 수업은 문제 해결보다는 가능성을 열어 두고 가능성을 발견하는 것에 초점을 맞춰야 한다. 학생들의 자의적인 상상력이나 기존에 존재하지 않았던 새로운 설

계 방식 같은 것에 더 집중해야 한다. 이 전시를 기획하면서 쓴 글에서도 이야기했지만 디지털 건축에는 오만함이 배어 있다. 남들이 하지 못하는 것, 나만 할 수 있는 것을 강조하는 것 자체에 오만함이 배어 있는 것이다. 이런 오만함 자체가 하나의 브랜드가 되는 것이다. 디지털이라는 것 자체는 아이디어의 기폭제가 된다. 이런 점은 디지털 건축의 중요한 지점이고 가능성을 발견하고 새로운 것은 창출해낸다. 또 일반적인 설계프로세스와 디지털 건축의 설계 프로세스의 차별성도 굉장히 중요하다. 전통적인 방식은 아이디어를 생각하고 스케치를 하고 매스를 만든 뒤에 평면을 넣고 기능을 넣는 과정을 거쳐 모형을 만들고 건축물을 만들지만 디지털 건축은 아이디어 자체가 실제로 만들어질 수 있다는 장점이 있다. 실제 건축 설계 프로세스에서는 아이디어를 도면이나 모형으로 만드는 과정에서 초기의 아이디어가 변질되고 소실되는 일이 생기는데 디지털 건축은 아이디어를 바로 생산품으로 만드는 과도기에 직면해 있다고 생각한다. 초기의 아이디어를 바로 3D 프린터로 만들어내듯 과정이 진화하고 있다고 생각한다. 요즘 학생들은 취미활동으로 직접 3D 모형을 만들기도 한다. 내 아이디어를 실제로 구현해내는 것에 그만큼 흥미를 느낀다는 것이다. 그런 면에서 디지털 건축 스튜디오의 수업 방식은 건축을 좀 더 가까이서 생각할 수 있기 때문에 일반적인 건축 스튜디오와는 차별성이 있다.

이명식: 실무적 관점에서 보면 클라이언트의 요구조건, 현상설계에서의 요구조건을 받아들이면서 결과를 도출해야 한다. 그런 면에서는 디지털 건축의 디자인 접근 방식과 실무에서의 접근 방식에는 차이가 있을 것 같다. 두 가지를 다 적용하는 신창훈 소장의 실무 이야기를 듣고 싶다.

신창훈: 디지털을 베이스로 두고 생각하자면 모든 툴을 다루고 있는 것 같다. 결국에는 변화를 하는 시스템이 되어야 하는데 현실에서는 수많은 벽에 부딪히게 된다. 우리가 계속 고민하는 것은 디지털 건축을 아날로그로 구현하는 최고로 쉬운 방법이 무엇인가이다. 그리고 가장 적은 금액으로 최대의 효과를 내는 방법을 연구한다. 처음에는 강한 이미지로 공간을 구현하고 그 결과물을 다시 2차원의 평면과 선과 면으로 정리해 실현 가능한 구조로 만들어야 한다. 이런 과정을 거치면서 만들어지는 결과물에 따라 실현되는 건축의 질이 달라지는 것이다. 7~8년 전에 '코오롱 에너지플러스 하우스'라는 친환경 주택 프로젝트를 진행한 적이 있다. 친환경 프로젝트이기 때문에 다양한 실험을 하면서 수많은 재료를 사용했었다. 머지않아 친환경 사회가 도래할 것이기 때문에

많은 것이 바뀌고 사회 역시 바뀔 것이라고 생각했다. 하지만 건축의 산업구조가 매우 협소하다. 우리가 아무리 다른 것을 해보려고 해도 쉽게 변화시키기가 어렵다. 변화가 가능한 구조가 무엇인지 제시하고 다른 분야와도 협업할 수 있는 방법을 생각해야한다.

이정훈: 이번에 전시하는 작품 중에 제주도의 '클럽나인브릿지파고라'라는 프로젝트가 있다. 열관류 값을 가진 이중 유리를 제작할 수 있는 업체가 우리나라에 단 한 곳도 없다. 이게 정말 아이러니한 상황이다. 금속도 마찬가지다. 우리나라가 이중 곡면 금속을 만들게 된 시발점이 자하 하디드의 동대문디자인플라자(DDP)이다. 기존의 자재를 이용하는 공사보다 공사비 단가가 5배~6배, 많게는 10배 이상이 올라가기 때문에 국내의 노동력으로 해결할 수 있는 범위를 넘기 때문이다. 세계적으로 페어 글라스를 만드는 회사가 단 3곳이 있는데, 가장 큰 시장을 석권하고 있는 곳이 중국의 업체이다. 디지털로 설계를 하더라도 결국은 다 아날로그로 제작을 해야 하는 아이러니한 산업구조를 가지고 있다.

양수인: 우리나라의 전반적인 문화나 분위기와도 큰 관련이 있다고 생각한다. 나도 이중 곡면으로 된 큰 유리를 만들어야 하는 일이 있었다. 그래서 우리나라 유리 업체에 문의를 해봤는데 아파트에 쓰이는 유리보다 약간 큰 유리는 만들어 보지도 않았을 뿐더러, 만들어볼 생각도 없다는 이야기를 했다. 전반적으로 획일화되고 대형화되는, 효율을 추구하는 문화가 남아있다. 모든 분야에서 그렇겠지만 우리가 속한 건설 분야는 더더욱 아파트에서 쓰이는 것 이외의 것은 찾기가 어렵다. 하다못해 예쁜 방화문을 찾는 것도 어렵다. 아파트에 쓰이는 수준을 벗어난 것은 구하기도, 찾기도 어렵다.

신창훈: 주변에 유리나 철에 능한 분들이 네트워크를 통해 실험할 수 있는 기회를 제공해야한다고 생각한다. 그런 면에서 정의엽 소장에게 궁금한 것이 있다. 정의엽 소장의 작품을 보면 공간 안에 공간을 넣고 그 안에 스킨이 있고, 스킨 안에 공간이 있는 콘셉트로 연구를 하는 것 같다. 이런 작업은 디지털과도 잘 어울리지만 수작업이 많이 사용되는 작업이다. 스킨을 만들 때나 다른 작업을 할 때 3D로 만든 것을 2D로 만드는 것인지, 또 현장에서 직접 목수와 함께 일을 하는 건지 궁금하다.

양수인: 덧붙여서 여쭙고 싶은 것도 있다. 우리는 흔히 정의엽 소장의 사무실 이름을 AnD(에이앤디)라고 부르지만 원래의 이름은 Architecture of Novel Differentiation이라고 알고 있다. 이름의 배경도 궁금하다.

정의엽: Architecture of Novel Differentiation의 Differentiation은 차이를 만들어내는 것, 미분화하는 것이라는 의미를 갖고 있다. 이 말은 디지털 디자인과도 관계가 있는 단어라고 생각한다. 디지털 디자인이 과거의 디자인과 다른 점은 복잡한 형태를 의미하는 것이 아니라 건축을 미분화된 상태로 제어하는 것에 있다고 생각한다. 어렵고 기괴한 형태는 전부터 있었기 때문에 형태 자체보다 미분화된 정보를 정교하게 다룰 수 있는 것이 디지털 디자인의 특징이다. 여기에 Novel이라는 단어를 붙인 것은 진화론적인 관점에서 미분화된 점진적 변이가 어느 순간 특이성을 가진 참신성이나 신종의 유형을 만들어내는 것을 지칭하기 위해서이다. 그래서 두 단어를 결합해 사용했다. 이런 이름은 내가 이해하고 내가 생각하는 현대적인 기술적 문화적 변화의 특성이다. 처음에 내가 하고 싶은 프로젝트를 하려면 돈이 부족하거나 같이 일할 사람이 없었다. 돈은 극단적으로 적은데 내가 하고 싶은 것은 하고 싶어서 할 수 있는 방법을 찾기 시작했다. 그렇게 찾은 방법이 사람과 공정을 콘트롤 하는 것이었다. 그래서 스킨 스페이스를 만들 땐 목수를 고용하지 않고 정교한 목재가 구축되는 방식을 생각했다. 그래서 초기에 컴퓨터로 만든 파일과 자재를 공장에 보내 기계로 정밀하게 가공하고 현장으로 오면 기술자가 아닌 작업자가 모형을 만들 듯이 순서에 따라 조립하는 방식을 사용했다. 이런 과정을 특히 디자인 상 중요한 부분에 효과적으로 사용하고자 했다. 경제적인 문제나 시공 과정의 실질적인 문제를 해결하기 위해 디지털 툴을 사용한 것이다. 또 하나는 최적화하는 방법을 연구하는 것이었다. 예를 들어, 곡면에 직사각형 패턴의 석재를 붙일 때 비용을 절감할 수 있는 최적의 크기와 물량을 도출할 수 있는데 이 산출점을 찾으면 프로젝트에 드는 비용을 일부 절감할 수 있다. 디지털 건축을 사용해 그 산출점을 찾으면 주어진 예산에 약간의 여유가 생긴다. 내가 특히 흥미롭게 생각하는 하나의 지점은 직관적으로 디자인했던 부분을 정교하게 콘트롤 할 수 있는 영역으로 가지고 올 수 있다는 것이다. 기존 건축가들이 직관적에 의존한 부분이 있는데 어떤 관점에서 보면 무책임하고 무의미한, 비효율적인 디자인이 많았다. 하나의 예로 우리는 루버를 설치할 때 남쪽에는 수평, 서쪽에는 수직 루버를 사용해야 한다고 배웠다. 그러나 실제로 시뮬레이션을 해보면 그 방법이 맞지 않는다. 남쪽은 수평이 맞지만, 동서향은 45°의 루버를 사용해야 한다. 루버의 간격이나 돌출 깊이 등을 디자인할 때도 기존에는 전혀 효율적이거나 정량적으로 정교하게 디자인하지 않았다. 하지만 이제는 디지털 디자인을 통해 정확

성이 필요한 부분을 애매한 직관에 의존하지 않을 수 있게 되었다. 디자인의 미적인 측면과 함께 정확성의 측면도 구현할 수 있게 된 것이다.

    Skinspace는 목재 패널로 마감한 외피가 내부까지 들어오는 독특한 구조를 갖는다. 이 목재패널을 통해 공간의 흐름을 제공한다. 또, 목재의 패턴과 빛이 만드는 색과 질감이 내부 공간을 채운다.

    Surfiasm은 급한 경사에 자리한 긴 대지에 두 동의 건물을 설계한 프로젝트이다. 두 동의 연결과 자연과의 공존을 고민한 프로젝트이기도 하다. 바깥채는 돌출된 양각의 매스를, 안채는 산의 능선을 동굴처럼 파고들어 음각된 공간을 만들어 건물 전체를 연결하는 완만한 곡면을 중간에 교차하게 계획했다. 이는 건물이 지형의 일부인 듯 묻혀 있기도 하고 곡면을 통해 다양한 동선을 만든 프로젝트이다.

    양수인: 직관적인 제스처를 정교하게 콘트롤해서 많은 경우를 실험한 뒤에 실제 현장, 에 가면 내가 생각하던 그 거푸집이 아닌 경우가 있다.(웃음) 이럴 때는 내가 열심히 했던 게 무슨 의미가 있나 고민을 한다. 이런 경우는 어떻게 해야 할 지 모르겠다.

    정의엽: 루버의 경우 그런 적이 있었다. 정교한 각도를 정해 작업한 뒤에 실제 현장에 갔더니 약간 느슨하게 작업이 되어 있어서 다시 보수를 했다. 그랬더니 각도가 모두 틀어진 경우가 있다.(웃음) 최근에 작업했던 작업의 경우, 30cm 단위의 레이어를 만들고 1/50 스케일의 모형까지 만들어서 현장에 가져다 두었다. 그런데 층간 벽의 오차가 20cm씩 생겼다. 평당 공사비가 굉장히 높은 공사였는데도 불구하고 오차가 생겼던 것이다. 그러나 같은 Topology 안에서는 약간씩의 오차가 생겨도 큰 의미가 없고 움직일 수 있다고 생각한다. 완전히 딱 맞아야 하는 디자인이 아니라 약간씩 어긋나더라도 괜찮다는 마음으로 그런 부분은 감안하고 현장 상황에 적응하려고 한다.(웃음)

    개인적으로는 어떤 룰을 베이스로 디자인하는 것이 디지털 디자인의 특징인 것처럼 현장에서도 룰을 가지게끔 콘트롤 해야 한다고 생각한다. 재료 결합의 방식, 디테일 등이 모두 간단한 룰에 의해 만들어지는 것이기 때문에 그 룰을 잘 정리하면 된다. 누군가가 엠파이어 스테이트 빌딩을 지을 당시의 미국과 지금의 미국은 크게 다르지 않다는 이야기를 한 적이 있다. 100년 전이나 지금이나 건축물을 짓는 속도도 거의 비슷하다고 한다. 결과적으로 속도나 산업체계가 달라지지 않았다는 것이다. 나는 4차 산업혁명이 건축에 큰 영향을 주는 것인지도 의문스럽다. 그래도 많은 부분이 바뀌고 있기 때문에 관심을 갖고 지켜보고 있다. 현장에서도 조금 어렵고 중요한 부분은 분리해서 진행할 수 있도록 시공업체와 협업하는 것이 필요하다.

이정훈: 뭐든 하다 보면 노하우가 쌓이는 것 같다. 처음에 무모한 디자인을 제안하고 시공이 불가능하다는 것을 확인하면 적정 공사비 안에서 무모한 디자인을 어느 정도까지 할 수 있는지 가늠할 수 있게 된다. 현장에서 부대끼면서 일하다 보면 도전 영역이 어느 정도인지 확인할 수 있다. 더 이상의 무모한 디자인을 하지 못한다는 단점이 있지만 반대로 능숙한 디자인을 할 수 있다. 나 같은 경우는 시공 현장을 보면 내가 원하는 디자인을 할 수 있는지 파악할 수 있다. 이런 경험과 노하우가 쌓이면 현장을 컨트롤 할 수 있게 되는 것 같다.

신창훈: 나 같은 경우도 10여 년 전, '크링'이라는 작품을 만들 때 많은 에피소드가 있었다. 당시 건설사에서 그 건물을 지을 때 건물에 문제가 없는지, 혹시라도 문제가 생기면 모든 책임을 지겠다는 서명을 하라고 했다. 레이저 커팅을 통해 건물의 패널을 만든다는 것이 무모하다고 생각했던 것 같다. 디자인을 클라이언트가 수용을 할 수 있어야 서로 소통을 할 수 있는 것인데, 클라이언트를 설득하는 면에서 이정훈 소장이 국내 제일이라고 생각한다. (웃음) 이번에 진행했던 '클럽나인브릿지파고라'도 유심히 봤다. 구조와 유리, 그리고 그 안에 녹아 있는 설비 시스템을 모두 구조 안에 숨겨 디자인했다. 공장에서 제작해서 현장에서 세팅하는 방식이었을 텐데 진행하면서 어려움이 많았을 것이라고 생각한다.

이정훈: 나도 처음엔 걱정을 많이 했다. 그러나 처음에 공사비 이야기를 했을 때 큰 무리가 없을 것이라고 판단했다. 아무리 좋은 디자인을 하더라도 클라이언트가 공사비를 납득하지 못한다면 아무 소용이 없다. 건축가와 클라이언트가 모두 적자인 설계는 진행할 수 없다. 그런데 이 프로젝트는 첫 미팅을 진행했을 때부터 공사비에 대한 걱정은 하지 않았다. 그래서 더 자유로운 디자인을 할 수 있었다. 지금까지 설계를 진행하면서 수많은 어려움이 있었다. 직원들과 직접 현장에서 시공을 하기도 했다. 우리가 추구하는 비정형같은 디자인을 포기할 순 없기 때문이다. 그러나 이제는 클라이언트와의 미팅을 진행하면 대략적으로 어느 정도의 비용으로 어떤 디자인을 해야 하는지 감이 오는 것 같다.

이명식: 지금까지 디지털 디자인에 대한 접근, 개념적인 부분, 이번 전시의 특성, 그리고 각 작품에 대한 의도에 맞춰 어떤 생각을 가지고 있는지에 대한 이야기를 들어봤다. 지금까지의 이야기를 가지고 더 폭넓은 이야기를 해봤으면 한다. 지금까지 나온 이야기를 요약하면 디지털 건축의 간극에 대한 이야기, 디자인 사고의 혁신, 동시성, 환경 적응성, 직관적 제스처 등에 대한 이야기를 했다. 이어서 박정대 교수의 의견을 듣고 싶다.

박정대: 오늘 같은 자리가 무척 좋다고 생각한다. 많은 부분에 공감을 한다. 제조업은 In-house Industrial이기 때문에 건설업과의 차이가 있다. 제조업은 모든 Knowledge를 공유할 수 있다. 그러나 건설업은 1970년대 이후 캐드를 도입하면서 작품성의 가치를 높게 책정하기 때문에 Knowledge를 공유하기 어렵다. 경험이 쌓이면 노하우가 생기겠지만 그 노하우를 공유할 순 없다. 노하우를 공유해야 데이터가 쌓이는데 데이터를 갖는 사람이 결국은 권력을 쥐는 상황이기 때문이다. 이런 상황이 아쉽다는 생각이다. 전에 타 사와 함께 작업을 진행한 적이 있다. 앞서 이야기하신 것처럼 자재의 크기가 기존 아파트에 사용하는 크기를 조금이라도 넘으면 아예 제작에 대한 관심이 없었다. 대량으로 제작할 수 없기 때문이다. 그런 점이 굉장히 안타깝다. 개인적으로는 지금 여기 계신 분들이 기술을 구현할 수 있는 엔지니어를 양성해서 그 분들이 제 역할을 할 수 있게 도움을 주셨으면 좋겠다.

이명식: 학생들이나 디지털 툴을 잘 다루지 못하는 사람들이 느끼기엔 디지털 건축을 하기 위해서는 어떤 툴을 어떻게 다뤄야 하는지를 궁금해한다. 툴 자체가 중요한 것이 아니기 때문에 이러한 인식 자체를 깨야 한다고 생각한다. 디지털은 완성을 위한 도구로 사용하는 것인데 이러한 도구 자체를 습득해야 디지털을 하는 것이라고 생각한다. 이런 부분에 대해서는 어떻게 생각하는지 듣고 싶다.

국형걸: 나 역시 디지털 작업을 한다고 이야기하지만 사실 디지털답지 않은, 클래식한 작업도 많이 한다. 역사적으로 건축가는 새로운 기술을 등장할 때마다 미래지향적인 디자인을 추구하곤 한다. 디지털 건축은 지금 시대뿐만 아니라 앞으로의 시대에 맞춰 새로운 디자인을 만들어가는 과정이라고 생각한다. 최근에 작업했던 공정을 모두 촬영해서 기록했는데 디지털 건축에 맞게 모든 것이 자동화로 진행되야 할 것 같지만 어떤 공정은 손으로 작업을 하고 있는 실정이다. 우리나라는 4차 산업에 들어서면서

휴대폰이나 기계, 자동차 등에는 앞서 나가고 굉장히 빠르게 변화한다. 디지털 같은 기술적인 분야도 마찬가지다. 그만큼 건축가도 디지털 결과물을 보여주고자 한다. 그러나 반면에 산업은 빠르게 발전하지 않는 것 같다.

신창훈: 국형걸 소장의 작업을 보고 난 뒤에 이런 작업은 사람을 움직일 수 있는 힌트가 될 수 있겠다는 생각을 했다. 두 가지의 작업을 봤는데 하나는 솔라파인 작업이고 다른 하나는 다이나믹 릴렉세이션 작업이다. 두 가지 모두 목적성을 가지고 있는 다른 형태를 제안해 환경적으로 실험을 하는 작업이다. 이런 작업은 건축가가 기존과 다르게 만든 시설을 작동해 산업을 움직이는 일이라고 생각한다. 이런 것이 대량 생산으로 갈 수 있는 과정이다. 이런 작업이 건축계의 미디어와 디지털을 활성화할 수 있는 계기가 되지 않을까 생각한다.

국형걸: 앞에서도 산업적으로 축적되지 않는 것이 건설업이라는 이야기를 했다. 사회 자체는 디지털에 대한 집착 내지 유행 때문에 디지털을 원하고 있는데 산업적으로 구현할 수 없는 것이 아쉽다.

이정훈: 지금의 설계 시장이 굉장히 위축되어 있기 때문에 학생들이 설계를 하지 않으려고 한다고 생각한다. 설계사무소에서 일을 하다가 관련된 직종의 제조업으로 가는 사람이 늘어나야 우리 같은 사람들이 제조업과 협업을 할 때 수월하게 일을 할 수 있다. 그래야 산업 구조가 바뀌고 건축가들도 좋은 디자인을 만들 수 있다. 그러나 지금은 다른 분야로 이직을 하거나 아예 건축을 하지 않는 경우가 대부분이다. 산업과 연계된 측면이 사실 돈이 되어야 움직일 수 있는데, 그 생태가 디지털로 가기에는 동력이 부족하다. 이제서야 젊은 건축가들의 움직임이 시작된 것이 아닌가 싶다. 지금은 서로 플랫폼을 공유하고 공감대를 나누고 있다. 그래서 가능성이 높다고 생각한다. 우리 다음 세대는 디지털이 아주 익숙한 세대이기 때문에 그 친구들이 다른 분야로 확장되어 할 수 있는 분야가 확대되길 바란다.

신창훈: aDlab+의 작품을 보니 파빌리온 1, 2, 3이 모두 목재로 만들어졌다. 목재를 계속 고집하는 이유가 무엇인지 궁금하다.

전유창: 아무래도 학생들과 작업을 같이 하다 보니 학생들이 다룰 수 있는 재료를 주로 사용하게 된다. 그래서 목재를 선택했다. 우리가 파빌리온 작품에서 구현

한 것은 도형을 그려서 만든 것이 아니라 프로그래밍을 해서 형태를 만든 것이다. 파빌리온 작품에는 손으로 그림을 그리거나 라인을 딴 것이 아니라 순수하게 프로그램만을 이용해 형태를 만들고 프로그램을 이용해 또 다른 형태를 만드는 것을 실험한 것이다. 30여 명이 모여서 한 작품을 만들 수 없기 때문에 각자 프로그램을 이용해 형태를 만들고 그것을 후에 취합해서 여러 단계의 결과물을 만들었다. 이렇게 취합한 결과물을 해체해서 부품을 만들고 학생들을 조별로 나눠 조립할 수 있는 부품을 만들었다. 그래서 어떤 면에서는 생산성과도 연결이 되어있다. 과정 자체가 탑다운 방식이 아니라 부분을 만들고 그 부분을 모아 전체를 만들었기 때문이다. 이후에는 만든 파빌리온을 시민에게 기증했다. 각 부품을 분해할 수 있기 때문에 이동과 설치가 쉽다는 장점도 있다. 직접 시공을 해봤기 때문에 시공에 대한 부분을 이해하는데 도움이 된다. 이런 과정이 디지털 건축의 교육적인 도구로도 활용되는 것이다.

Made in Digital 전시는 디지털이라는 것이 주는 영감을 기록한 전시이기도 하다. 디지털이라는 것은 이 시대에 쓸 수 있는 기술의 전부이다. 지금까지 이것을 넘는 기술을 쓴 건축가는 한국에 없다고 생각한다. 한국에서 만들 수 있는 디지털 건축의 한계, 가능성에 대한 아카이브이다.

김성욱: 바람직한 디지털 건축 구현은 공장에서 제작된 부품이 현장에서 손쉽게 조립되는 모습이겠지만, 과도기적인 현 상황에서는 쉽지 않은 일이다. 그렇기 때문에 공교롭게도 디지털 첨단에 있는 분들이 가 장 아날로그 적인 작업을 하고 있으며, 계획과 시공 사이의 오차를 줄이기 위해 고군분투하고 있다. 여기에 전시된 파빌리온의 재료를 목재로 선택한 이유는 작은 오차가 생겼을 때 깎고 자르는 과정을 통해 수정하는 것이 가능하고 가벼운 무게 덕분에 분해와 재조립이 가능하기 때문이다. 또한, 교육과정의 측면에서 이러한 과정 속에서 건축 프로세스의 많은 것은 배우게 된다. 작업에 참여한 사람들은 설계의 개념, 재료선정, 디테일, 시공, 분해와 재조립 등은 서로 분리된 프로세스가 아니라 서로 유기적으로 연결되어 있으며, 다양한 시뮬레이션을 통해 각각의 단계를 효율적으로 선택해가는 과정이라는 것을 이해할 수 있다. 건축설계라는 복잡한 프로세스를 다루는 태도의 변화, 이것이 앞으로 변화하는 건축 패러다임에 대응하는 중요한 전제가 된다고 생각한다. 프로세스에 대한 높은 이해와 열린 태도를 가진 건축가들이 새로운 시도들에 욕심을 가지게 되고, 이런 태도가 점점 더 건축의 지평을 확장하

는데 도움을 줄 있다고 생각한다.

이명식: 이번 전시는 디지털 설계를 통해 통합적인 디자인이 실현되는 모습을 보여주지만 디자인 스케일에 대한 의심도 불러 일으킨다. 해외의 경우, 도시와 단지에 디지털을 도입한 다양한 실험을 진행하고 있다. 하나의 오브제나 하나의 아이템에서는 스케일을 구현할 수 있지만 도시나 단지의 개념에서는 그 스케일을 어떻게 해결해야 하는지 궁금하다.

이정훈: 분석적인 툴이나 데이터로서는 충분히 활용할 수 있다. 한국에서도 몇 번 시도를 했다고 알고 있다. 나도 플러그 인을 활용해 친환경적인 지류의 흐름 등을 분석해 로직을 만들고 그것을 분석하는 일을 해볼까 하는 생각을 하기도 했다.(웃음) 우리가 할 수 있는 툴에 하나를 더해 다른 것을 해볼까 라는 생각도 했다. 그러나 문제는 눈속임이다. 노먼 포스터의 런던 시청 사례처럼 분석적인 툴로서 완벽한 데이터가 추출되기 위해서는 간단한 문제가 아니다. 논리적이지 않은 자료는 클라이언트 입장에서 보면 손으로 그린 스케치를 건물로 만드는 것과 같은 이치일 것이다. 분석적인 데이터가 있다면 기존의 시장과 다른 접근이 가능할 것이다. 정교하게 분석한 데이터를 모아서 작업을 한다면 사회에 더 큰 영향을 미칠 것이라고 생각한다. 클라이언트에게도 우리가 하는 설계는 분석할 수 있는 로직이 있기 때문에 다른 설계와는 다르다고 설명할 수도 있다. 이런 것을 실현하기 위해서는 학교 교육 시스템부터 달라져야 한다.

양수인: '어반베이스'라는 스타트업 회사가 있다. 우리나라 아파트 평면을 제공하고 그것을 3D로 구현해 그 안에 가구 등을 배치할 수 있는 빅데이터 플랫폼을 개발하는 회사이다. 또, 랜드북처럼 지가와 같은 땅에 대한 빅데이터를 제공하는 일을 하는 회사도 있다. 이처럼 도시 계획에도 많은 가능성이 있다고 생각한다. 최근에 내가 관심을 갖고 있는 분야도 이와 비슷하다. 몇 개의 실 정도의 규모를 넘어서서 마을 정도의 규모의 배치만 생각하더라도 고려해야하는 요소가 굉장히 많다. 그리고 다뤄야하는 자료도 많다. 이런 경우, 유전자 알고리즘 같은 것을 사용해 상충하는 많은 목표를 충족하는 단 하나의 해가 아닌, 가능한 해들의 집합을 찾는 방법이 도움이 될 수 있다고 생각한다. 아이러니하게도 조각에서는 이러한 실험이 가능하지만, 루버 같은 요소에서는 쉽게 적용이 되지 않는다. 루버 같은 경우에는 가장 효율적이고 최적화된 답이 정해져 있기 때문이다. 아직 주로 작은 규모의 건축을 다루고 있기 때문에 굉장히 복잡한 욕구를 해

결 할 만한 기회가 없어서 사용하지 못하는 기술이기도 하다. 도시나 마을 정도의 규모에는 다양한 모순이 존재하기 때문에 직관적으로 해결하지 못하는 문제가 많다. 앞서 이야기한 툴을 사용해, 여러 해법을 찾는 방법을 고안한다면 근거 있는 부가가치를 창출할 수 있을 것이다. 아직 누가 선점하지 않은 분야이기에 더욱 그러할 것이다.

이명식: 이 전시에는 모든 것이 담겨있다. 실무적인 측면, 교육적인 측면, 전시에 대한 특성, 그리고 건축 설계에서 요구되는 항목의 프로세스까지 담겨있다. 자화자찬일 수 있지만 이번 전시를 통해 제시할 수 있는 모든 내용을 표출했다고 생각한다. 결국은 이 전시를 통해 디지털 건축의 가치와 비전에 대해 논할 수 있을 것이다. (사)한국건축설계학회(이하 건축설계학회)가 준비한 이번 전시를 통해 많은 것을 제시하고자 한다. 전시와 책을 통해 참여 작가들의 생각과 철학, 비전까지 함께 전달할 수 있길 바란다. 또, 설계를 통해 표현하고자 하는 작업에 대한 개념과 가치를 보여줄 수 있으면 좋겠다. 전시가 끝나고 책이 나온 후에도 우리의 위치가 어디인지, 이번 전시가 주는 메시지가 무엇인지는 그 과정에도 녹아 있을 것이다. 아마 이 전시가 끝난 뒤에는 운생동건축사사무소의 전시가 이어질 예정이다. 건축설계학회에서 진행하는 전시는 완성 작품을 보여주고 해석과는 기존의 건축 전시와는 다르게 작품의 탄생 과정을 보여주는 전시이기 때문에 더욱 의미가 있을 것이다. 마지막으로 작가 분들이 간단하게 이야기를 해주면 좋을 것 같다.

이정훈: 오래 전에 여기 계신 국형걸 교수의 제자가 내 사무실에 온 적이 있다. 당시 그 친구의 포트폴리오는 영 마음에 들지 않았었다. 그런데 진짜 설계를 잘하는 친구였다. 그래스호퍼와 라이노를 이용해 디지털 설계를 하는 친구였는데, 굉장한 실력을 가지고 있었다. 사실 국형걸 교수의 추천이 아니었다면 뽑을 이유가 없었다. 알고 보니 설계를 하지 않겠다던 친구였다. (웃음) 그 친구는 우리 사무실에서 일을 하다가 지금은 디지털 건축으로 유학을 갔다. 국형걸 교수를 만나 그 친구의 꿈을 펼친 것이다. 교육이 정말 중요하다. 우리는 그런 잠재력 있는 사람을 알 길이 없다. 그런 부분을 보면서 학교에 계신 분들이 큰 영향이 있다고 생각했다. 학생들에게 좋은 시장을 보여주는 역할을 하시는 것이다. 우리 세대에서도 그런 좋은 역할을 하는 사람이 있다는 것이 참 좋다.

전유창: 디지털 건축을 구현하는 재료를 만드는 업체는 대부분이 중국 업체이다. 우리나라 대학만 하더라도 3D 프린터나 레이저 프린터가 구비되지 않은 건축

과도 많다. 그리고 로봇 암을 구비한 학교는 하나도 없는 것으로 알고 있다. 반면에 중국 대학 건축과의 시설은 어마어마하다. 이제 모니터 상에서 작업하는 시대는 지났다. 중국의 경우, 우리가 만들었던 파빌리온 같은 프로젝트를 진행할 때 건축을 전공하는 학생은 30~40%에 불과하다. 나머지는 컴퓨터, 로봇, 기계 등을 전공하는 사람들이 참여한다. 가장 아쉬운 부분이 이런 부분이다. 디지털 툴을 잘 다루는 학생들이 취업을 한 뒤에 있었던 에피소드를 이야기를 들어보면 놀라는 경우도 많다. 그래스호퍼를 잘하는 친구가 현장에 필요한 디지털 모델링을 업체에 의뢰하면 못한다는 경우가 대부분이라고 한다. 이런 경우 그 친구가 직접 진행하는 경우도 있다고 한다. 사실 이것을 용역비로 따지면 몇 천만 원에 해당하는 일이었을 것이다. 관리자나 의사결정을 하는 사람이 이런 업무를 전문적으로 하는 인력을 키워줘야 한다. 학생 중에도 디지털을 잘 하는 친구가 건축을 계속 하지 않는 경우가 많다. 이런 점이 무척 아쉽다. 이번 전시를 통해 비전을 보여주고 시야를 넓혀줄 수 있길 바란다.

국형걸: 이번 기회를 통해 다양한 분들의 의견을 듣고 개인적으로도 많은 생각을 정리할 수 있었다. 나 역시도 디지털을 일종의 공기나 물처럼 자연스럽게 사용하고 있다. 하지만 한편으로는 일상의 당연한 것이지만 디지털과 관련된 프로젝트를 진행할 때 욕심을 부리고 있다. 디지털 기술을 내세워서 더 화려하게, 효율적으로, 그리고 이득을 얻고자 하곤 한다. 디지털 건축이 학생들에게 욕망을 심어주고 건축의 새로운 영역과 가능성을 넓혀줄 수 있길 바란다. 이번 전시도 그런 부분에서 기여할 수 있길 바란다.

김성욱: 계속 강조하는 것이 태도에 대한 이야기였던 것 같다. 내가 컴퓨터를 활용한 건축에 관심을 둔 이유는 조형의 특이함이 아니라 규칙을 제어하는 방식에 매력을 느꼈기 때문이다. 학생들의 경우를 보더라도, 배경지식과 기술이 부족하더라도 일단 관심이 생기면 젊음과 집요함으로 훌륭한 성취를 이뤄내곤 하는데, 이러한 '꽂힘(?)'이 굉장히 중요하다. 이번 전시와 책을 보고 사람들이 디지털 건축의 어떤 지점이든 작은 흥미를 느낀다면, 그것으로 충분하다고 생각한다.

양수인: 나처럼 작은 설계사무실은 운영하는 입장에서는 이런 툴을 사용할 수 있다는 것 자체가 굉장히 좋은 환경이라고 생각한다. 지금의 내 입장은 할 수 있는 것은 다 해보는 것이 좋다는 입장이다. 디자인의 가능성을 보고 실험하는 입장에서 다양한 방법을 시도해볼 수 있다는 것이 좋다. 이 전시와 책을 통해서 다양한 가능성을 보여주

고자 했다. 전통적으로 20여 명의 인력이 했던 업무를 이제는 3~4명이 할 수 있다. 이번 전시를 통해 학생들과 건축가가 자신감과 희망을 가질 수 있었으면 좋겠다.

신창훈: 나는 내가 디지털을 잘 모르고 잘 사용하지 않는다고 생각했는데 오늘 이야기를 들어보니 태도의 문제라고 생각한다. 지금은 어쩌면 디지털 이전 일수도 있겠다는 생각을 한다. 건축이 이 시대를 앞서가서 시대를 다시 바꿀 수 있는 기회를 만들 수 있길 바란다.

정의엽: 영화를 보면 알 수 있듯이 디지털 기술의 발전이 무척 빠른 것 같다. 새로운 툴, 새로운 기술 등이 많이 나오기 때문에 표현적인 측면에서 무척 빠른 변화를 겪는다. 당시에는 최첨단 기술이 집약된 영화여도 몇 년이 지나면 어느새 시대에 뒤떨어지는 영화가 되기도 한다. 건축도 마찬가지다. 디지털 기술의 발전에 따라 디자인과 구축방식도 빠르게 바뀌고 있다. 그러나 어떤 영화는 시간이 오래 지나 기술은 구식이 되더라도 그 시대에만 가능한 명작으로 남는 것처럼, 디지털 건축도 그런 위치에 머물 수 있는 Novel한 지점이 있을 것이라고 생각한다.

전유창: 처음에 이 전시를 준비할 땐 굉장히 소박한 모습을 상상하면서 시작을 했다. 하지만 점점 욕심을 내서 많은 것을 하게 된 것 같다. 상당히 근사한 콘텐츠가 모였다고 생각한다. 재미있는 전시와 책이 만들어질 것 같다. 이 안에는 건축하는 사람들의 오만함과 집요함이 담겨있다. 디지털적인 이미지와 현장의 업무가 모두 담겨있다. 아마 전시를 관람하는 분들도 디지털 건축업역 자체에 대해 다시 해석할 수 있을 것이다. 건축의 진지함 보다는 위트와 재미, 신기함 등을 통해 건축의 즐거움을 보여줄 수 있을 것이라 생각한다.

삶것/Lifethings

살다 죽다 할 때 삶, 이것 저것 할 때 것!
삶것/Lifethings은 건축에 기반을 둔 디자인회사이다. 의뢰인의 삶에 대한 이해를 바탕으로 건물은 물론, 광고 켐페인, 상징 조형물, 유아용 한글 놀이블록, 청각장애인용 통역장치까지 다양한 것들을 만든다.
Red Dot Design Award, iF Design Award, 서울시 건축상, 대한민국광고대전에서 수상하였으며, 2017년 뉴욕의 MoMA와 국립현대미술관이 주최하는 〈젊은건축가 프로그램〉 공모에서 우승을 하기도 했다.

 ### aDlab+

aDLab+는 알고리즘 기반의 최적화 기술, 물성의 재발견, 디지털 제작 기술을 활용한 방법론 개발 등의 연구와 공공 건축 분야의 실무를 병행하고 있다. 김성욱은 서울 홍익대학교와 미국 예일대학교 건축대학원에서 건축을 공부하였으며 13회 대한민국 건축대전 대상과 AIA/AAF Scholastic Award를 수상하였다. 전유창은 인하대 건축공학과를 수석졸업(용마루상)하고 미국 콜럼비아대에서 건축학 석사학위를 받았으며 35회 일본 Central Glass 공모전 대상을 수상했다. 두 명 모두 2007년부터 아주대학교 건축과 교수로 재직 중이며 미국건축사 및 미국 친환경 건축 인증사이다.

 ### HG - Architecture

HG-Architecture(http://hg-architecture.com)는 건축가 국형걸의 건축디자인 스튜디오로 다양한 스케일에서 분야를 넘나드는 실험적 디자인을 진행하고 있다. 건축가 국형걸은 현재 미국건축사이고 이화여대 건축학전공의 부교수로, 연세대학교 건축공학과에서 학사를, 미국 컬럼비아 건축대학원에서 석사(M.Arch)를 취득했다. 대표작으로는 Hollowed Packing(도봉구청사증축공사), Interlaced Folding(양평병산리펜션), Solar Pine(친환경조형물) 등이 있으며, 다수의 공모전에 당선 혹은 입선하였다. 현재 서울시 공공건축가로 활동하고 있으며, 2017년에는 문화체육관광부 '젊은건축가상'을 수상하였다.